科研人员

个人数字存档行为研究

黄玉婧⊙著

江西人民出版社
Jiangxi People's Publishing House
全国百佳出版社

图书在版编目（CIP）数据

科研人员个人数字存档行为研究／黄玉婧著. -- 南昌：江西人民出版社，2024.9
ISBN 978-7-210-14399-4

Ⅰ．①科… Ⅱ．①黄… Ⅲ．①数字技术-应用-科研人员-档案管理-研究 Ⅳ．①G316②G270.7

中国国家版本馆 CIP 数据核字（2023）第 015228 号

科研人员个人数字存档行为研究
KEYAN RENYUAN GEREN SHUZI CUNDANG XINGWEI YANJIU

黄玉婧　著

责 任 编 辑:何　方
封 面 设 计:同异文化传媒+陈则立

江西人民出版社 Jiangxi People's Publishing House 全国百佳出版社　出版发行

地　　　址:江西省南昌市三经路 47 号附 1 号（邮编:330006）
网　　　址:www.jxpph.com
电 子 信 箱:jxpph@tom.com
编辑部电话:0791-86898846
发行部电话:0791-86898815
承　印　厂:北京虎彩文化传播有限公司
经　　　销:各地新华书店

开　　本:720 毫米×1000 毫米　1/16
印　　张:14.5
字　　数:200 千字
版　　次:2024 年 9 月第 1 版
印　　次:2024 年 9 月第 1 次印刷
书　　号:ISBN 978-7-210-14399-4
定　　价:68.00 元
赣版权登字-01-2024-334

摘　要

面对信息技术的高速发展以及个人数字材料井喷式的增长,个体在进行个人数字存档过程中面临着诸多挑战;而由于科研人员产生的数字材料数量更大、价值更高,因而有着更为迫切的存档需求。了解科研人员个人数字存档行为的影响因素与行为规律对于帮助他们提升个人数字存档素养、应对个人数字存档中的挑战、更好地进行个人数字存档有重要现实意义;同时,为个人数字存档工具的开发商与服务商更深入了解科研人员群体的个人数字存档需求,更好地设计适用于科研人员使用的个人数字存档工具提供了设计思路。因此,有必要对科研人员个人数字存档行为开展研究。

总体而言,本书以科研人员为研究对象,基于档案后保管理论、文件连续体理论和档案双元价值理论,使用扎根理论与结构方程建模相结合的方法,系统地探讨了科研人员个人数字存档行为影响因素与行为规律。具体地,以个体、任务、技术和对象四个视角为切入点,构建了科研人员个人数字存档行为影响因素模型。本书所取得的研究结论具有一定的理论价值与实践启示。本书的内容和结构如下:

第1章引言。本章主要对研究背景与意义、相关概念辨析、国内外研究现状、研究思路与内容、研究方法与创新进行了介绍和阐述。

第2章研究的相关理论基础。主要介绍了本研究所依托的档案后保管理论、文件连续体理论与档案双元价值理论,并探讨了它们在本研究中的适用性与理论指导意义。

第3章对科研人员个人数字存档行为的影响因素进行探测。对科研人员群体进行半结构化访谈,利用扎根理论方法抽取访谈文本中的相关概念和范畴,进而归纳出主范畴和他们之间的关系,探测、识别和表达科研人员个人数字存档行为主要影响因素。

第4章是基于扎根理论进行科研人员个人数字存档行为影响因素理论建构。本章主要是对上一章资料编码得出的基本结论进行分析并结合相关文献,逐步归纳提炼出由个体视角、任务视角、技术视角和对象视角四个视角构成的科研人员个人数字存档行为影响因素的理论构架,构建科研人员个人数字存档行为影响因素扎根理论模型。

第5章、第6章是对科研人员个人数字存档行为影响因素模型的构建和验证。首先,根据档案双元价值理论和相关文献,结合第4章的扎根理论模型,构建了科研人员个人数字存档行为影响因素研究模型。提出假设,对包括在校硕博研究生、高等院校教师、研究院所科研工作者等科研人员发放问卷。将收回的问卷数据导入 SmartPLS 软件,利用偏最小二乘(PLS)和结构方程建模(SEM)方法对科研人员个人数字存档行为影响因素研究模型和假设进行检验。

第7章是科研人员个人数字存档行为影响因素感知差异。本章基于样本特征对性别、年龄、正在攻读或已获得的最高学位、所在学科领域、职称和就职单位6个方面的样本特征采用方差分析方法进行检验,分析不同样本特征对于科研人员个人数字存档行为影响因素变量之间的感知差异。

第8章是研究结论、启示、不足和展望。

关键词:科研人员;个人数字存档行为;扎根理论;结构方程模型;影响因素

目　录

1 引 言

随着信息与通信技术的高速发展，人们生成和拥有的个人数字材料越来越多。面对海量的个人数字材料，其形成者和使用者常常感到不知所措，不确定该对哪部分的数字材料进行保存；而对于已经保存下来的数字材料，他们又会时刻担心其潜在的丢失与损毁风险。在生活中，个体诸如"不知道存到哪里""该不该保存""数据丢失"等种种抱怨时常出现。由此可见，信息技术在方便人们日常生活，助力科研教育、经济生产的同时，数字材料的爆炸式增长也带来了新的挑战，保管不善、数据丢失更将直接造成经济损失，因而如何更好地进行个人数字存档已成为人们亟待解决的关键问题。

科研人员作为知识生产的主要群体，担负着增进知识和发明创新的使命，相比较其他群体而言，个人数字存档需求与问题更为强烈与具体。在他们所生成的个人数字材料中，还包含着许多科学研究过程中的重要学术信息，比如，项目申报材料、实验数据记录、项目总结报告以及各种类型研究成果的初稿、修改稿等。这些学术信息也许最终不会出版，但完整地反映了科学研究开展的全过程，对于研究的证实、复演及后续研究的深化和开展，乃至对推动整个社会的科技进步有重要现实意义，具有重要的保存和利用价值。在过去，这些手稿、读书笔记、个人收藏以及论文和实验记录大都以手写或印刷形式产生，保存在纸质载体上。如今数字时代到来，它们往往直接产生于计算机和网络环境，除传统学术信息之外，数码照片、电子邮件、视频音频也成为学术信息的重要形式，推动着个人数字存档方式和内涵的改变。有鉴于此，本书以科研人员为研究对象，对他们的个人数字存档行为开展了系统研究。

1.1 研究背景与意义

1.1.1 研究背景

1.1.1.1 数字环境导致科研人员个人数字材料与日俱增

据中国互联网络信息中心(CNNIC)于 2024 年 8 月 29 日发布的第 54 次《中国互联网络发展状况统计报告》显示,截至 2024 年 6 月,中国网民规模近 11 亿人(10.9967 亿人),较 2023 年 12 月增长 742 万人,互联网普及率达 78.0%。智能手机、摄像机、数码照相机、移动终端等电子设备的发展和普及,使得人们可以更加随意轻松地随时拍摄照片和视频,产生原始电子记录。此外,由于社交网络平台的广泛使用,数字内容生成的方式也更加民主化和个人化,撰写博客、更新微博、发朋友圈等方式也已成为现代人记录生活、表达自我的重要途径。在这样的环境下,作为知识创新主体的科研人员,其科学研究的开展越来越依赖于数字材料和网络资源,许多科研步骤离不开互联网与电子产品的帮助,在此过程中将形成大量的原始的学术信息,而正式的学术产出,即学术论文与实验报告撰写,其主要方式亦是借助计算机。同时,一些科研人员也会在自己的博客或学术社交平台中分享个人的研究进展、学术成果以及一些学术观点和最新学术动态。包冬梅等人对高等院校和科研院所的科研人员进行问卷调查发现,有一半以上的科研人员经常在自己开设的个人博客上贡献自己的学术观点、见解与心得体会。①

就科学研究的开展过程而言,科研工作者往往会同时开展多个项目,而实验数据采集和研究论文、项目报告撰写的过程中又会不断地进行修改,形成草稿、初稿、修订稿、最终稿等不同阶段的多份稿件。这些大量的数字材料中有非常大一部分都具有重要的保存价值。它们不仅对于生成主体有着重要的参考凭证价值,而且还能够推动相关领域的科学研究,为其他研究者提供参考借鉴,推动研究的深化和开拓。此外,个别材料如日记、生活照片及视频等可用于记录形成者的生活和人生,同时作为社会记忆建构的材料,在更大规模和范围内构筑国家民族记忆。

综上,随着互联网的普及和信息技术的高速发展,人类已经进入一个数字

---

① 包冬梅,范颖捷,邱君瑞."学术科研人员科研信息行为与需求"调查分析[J]. 数字图书馆论坛,2012(5):17-26.

时代,社会的方方面面随之产生重要而深刻的变化。在数字环境中,科研人员生成了越来越多的个人数字材料,且由于材料的重要价值,他们相对于普通人而言,具有更强大和更具体的存档需求。因此,我们有必要充分了解科研人员的个人数字存档行为习惯,从不同的角度考察可能影响该行为的因素。

1.1.1.2 个人数字存档效果有待提升

尽管科研人员个人数字存档的需求愈发强烈,存档行为也愈发普遍,但是其效果却并不理想,现实生活中个人数字材料丢失、损坏、泄密的事情屡见不鲜。一方面,是因为不同于传统的个人档案资料归档和保存,个人数字存档依赖工具,它分为硬件和软件两个大类。硬件包括手机、计算机、移动硬盘及U盘等存储设备。软件包括一些云存储软件,如百度云存储企业云盘、OneDrive、Evernote等,他们都会提供个人云存储服务。此外,在微博、微信朋友圈、QQ空间及私人博客等平台上发布个人随笔和感言也是进行个人数字存档的一种方式,从这个角度考虑,微博、微信、QQ空间等相应社交软件同样属于个人数字存档工具的一种。安全性是科研人员在使用个人数字存档工具时最主要考虑的问题。[1][2] 对于硬件而言,物理损毁和机械故障是重大的安全隐患。对于软件而言,隐私泄露、个人文件损毁、学术信息资源内容合规性误判是科研人员面临的主要障碍。[3] 网络安全咨询公司Unisys公布的美国安全指数调查显示,64%的美国人并不放心将他们的个人数据进行云存储,主要原因是担心个人数据会遭到盗窃。此前,微软云存储服务OneDrive的PC端屡次出现访问故障。近年来,互联网服务隐私泄露事件频发,导致个人对于互联网信息保障能力信任程度普遍偏低。而科研人员有部分学术信息的存储更是具有需要高完整性、高可用性的特点,对个人数字存档工具的安全性功能要求更高。另一方面,科研人员个体之间存在差异,诸如存档意识、能力、知识等,它们同样会对个人数字存档效果产生一定的影响,而这有待进一步研究。

总之,由于在线和离线存储的分散性、数字媒介的不稳定性及网络环境的

---

① 卢小宾,王建亚.云计算采纳行为研究现状分析[J].中国图书馆学报,2015,41(1):92-111.

② Kumar R, Goyal R. On Cloud Security Requirements, Threats, Vulnerabilities and Countermeasures: A Survey[J]. Computer Science Review,2019(2).

③ 胡昌平,查梦娟.科研人员学术信息资源云存储服务应用安全障碍分析与对策[J].情报理论与实践,2020,43(1):18-23.

复杂性,大量个人数字材料的分散与混乱,以及它们可能随时面临的大量丢失与损毁的潜在安全风险,都极大地增加了个人数字存档的难度。目前,尽管各种类型的个人数字存档工具为人们提供了新方式、带来了诸多便利,但排斥使用一些个人数字存档工具的现象仍较为普遍。因此,我们需要了解技术视角与个人视角科研人员个人数字存档行为的影响因素与行为规律,完善个人数字存档工具安全性保障,了解科研人员个体之间的差异性,提升个人数字存档效果。

1.1.2　研究意义

个人数字存档已成为人们,特别是科研人员,日常生活学习的重要行为,自然应成为现代档案学研究的重要范畴。而个人存档活动中暴露的突出问题则为相应研究提出了具体的要求。本研究聚焦于个人存档行为中的人,并进一步分析其存档影响因素、行为规律,对于推动档案学、个人存档领域理论创新与发展具有重要理论意义,对于提高个人存档素养,进一步推动社会发展、建构社会记忆有重要现实意义。

1.1.2.1　理论意义

（1）有助于推动档案学领域研究创新与发展

档案学自诞生以来,关注重点都在于组织机构层面的文件与档案管理问题,并已经形成了一个相对完整的学科知识与理论体系。而数字技术的高速发展使得人类记录与传播信息的方式发生了前所未有的改变,不仅将人类推向数字记录时代,更是将人类推向了大众记录时代。基于个人层面的数字存档开始进入档案学研究者的视野,迅速成为国内外众多学者共同关注的新兴领域,为档案学研究注入了新鲜的血液。个人记录的大量增长是数字时代出现的新现象,因而个人数字存档研究与过去基于机构层面的档案学研究有着不同的逻辑起点。

深入开展个人数字存档研究有助于推动档案学领域的创新与发展,为档案学研究开辟新的研究思路。一方面,个人数字存档研究在横向上拓宽了档案的外延范围,在更广阔的背景中思考与认识档案现象:档案不仅与组织机构的业务密切相关,更与社会大众的生活息息相关。另一方面,作为人类实践活动的产物,个人数字存档研究更深刻地体现出了"以人为本"的原则,将研究关注点由档案所依托的传统"机构"与"业务"转向了每一个普通的个人。因此,对个人数字存档的研究有利于增强档案学领域的原创性与兼容性,增强与社会的关联性,促进档案学研究领域的拓展。

（2）有助于完善个人存档研究领域理论体系

数字技术的发展和数字环境的建设,使得个人存档对象由非数字形态更多地向数字形态转变,数字时代赋予其新的内涵,个人存档理论发展步入了新的阶段。对于个人数字存档的研究国外档案界起步较早,主要是从概念、价值、面临的挑战与对策展开讨论,已积累了不少理论成果。而国内档案界起步较晚,多数还停留在对国外实践经验介绍的层面和初步的实证探索阶段,整体、系统性的研究框架有待建立完善。本书以科研人员个体为研究对象,从个体行为的角度探讨科研人员个人数字存档行为如何进行优化的问题。以个体、任务、技术和对象四个视角为切入点,探讨科研人员个人数字存档行为的影响因素和行为规律,促进了对个人数字存档问题的深入理解,丰富了个人存档研究领域理论体系。

1.1.2.2　实践意义

（1）有助于提升科研人员存档素养

数字时代,科研人员对于个人数字存档的需求与日俱增。然而,在线和离线存储的分散性,尤其是智能手机等移动设备的普及使用却造成了大量个人数字材料的分散与混乱,极大地增加了个人数字存档的难度。在网络环境中生成的个人数字材料同样面临损坏、被盗、网站停用等诸多风险。此外,科研人员在对数字材料价值进行甄别时,也有可能会出现对价值评估和判断错误的情况。虽然技术的进步令人们获得了越来越多的便利,但正如研究背景所表明的,随之而来的文件数量对科研人员的个人数字存档行为造成了巨大的挑战。但目前档案馆给予专业指导的情况寥寥无几,个人数字存档方式相对简单,大量的原生数字档案仍缺少必要的管理,处在自然状态下。尤其是对于科研人员而言,作为国家知识创新的中坚力量,了解他们个人数字存档行为的影响因素与行为规律,从而开展相应的服务,提供更为高效安全的技术工具,有针对性地帮助其提高个人数字存档素养,实现对日益增长的个人数字材料有效存储、长期保存并规避风险,显得尤为重要。

（2）有助于推动科技发展创新

科研人员通过其工作实现人类知识总量的增长、理论和技术的更新，无疑是保障国力强盛、社会进步的中坚力量。科研工作者在教学、科研、社会活动中产生的数字材料，对于其学科领域具有重要的参考查证价值，其呈现出的学术思想动态也能从侧面反映一个国家科技的进步和社会的发展，不仅还原了历史的真实风貌，也映照着时代前进的步伐。一些科研人员发布在自己个人博客上的学术观点、见解与心得体会以及未出版的实验成果和数据都对该领域科研发展有重要参考作用。

因而，尽可能完整地保留一个科研人员进行科学探索的人生历程，不仅是记录个人人生经历，更对一个国家、一个时代的科技史、发展史都有着无可替代的重要作用。科研人员丰富的个人数字档案是他们科学成就、学术思想和精神品质的展示和传承，这些个人数字档案能够为国家的人才优先战略、科技政策制定和教育体制改革提供有价值的现实借鉴。本研究有助于提升个人数字存档的实际效果，指导相应实践的开展，以此推动科技发展创新，对于国家远期发展具有重大战略意义。

（3）有助于构建社会记忆

个人数字存档意识的觉醒能够推动促进社会记忆的建构。相较于社会记忆而言，个人记忆具有碎片化、短暂性、随机性、易变性、特殊性等特征。虽然个人记忆往往是碎片化和随机性的，但是个人记忆的场景并不会是独立存在的，通过与更加广泛的社会记忆网络相互交流与连接，能够不断在社会上得到重新解读，在社会记忆框架中得到定位，从而达到记忆的连贯性与一致性。①

高效的个人数字存档行为，能够促进个人记忆向社会记忆的转化。将存储在个人脑海中的记忆转化到一定的载体上，使得其能够以图片或者文本的形式得到理解、传递和共享。然后，对这些留存下来的物化记忆进行加工处理，使个体记忆可以在更大范围、更广平台中进行共享，使个人记忆汇入集体框架中，汇入相同群体记忆中，实现个人记忆向社会记忆的转化。

---

① 万恩德. 个体记忆向集体记忆的转化机制——以档案为分析对象［J］. 档案管理，2018（2）：7-10+88.

1.2 概念界定

个人数字存档行为经历了由基于机构层面面向权力阶层的个人记录保存到个人层面面向普通个人记录保存的转变过程（如图1-1所示）。

机构层面 权力阶层   个体层面 普通个人

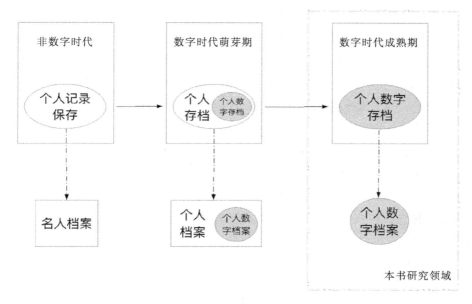

图1-1 个人数字存档发展历程

在过去信息与通信技术尚不发达的社会，虽然人们进行个人存档的需求同样很强烈，但是对比公务活动需要依赖文件来形成既定的规则与公式，对于个人存档所依托的大部分非公务活动来说，书写文件或是固化信息往往是奢侈且非必要的，个人存档活动令人心有余而力不足。[①] 所以，真正留存下来的个人档案不论是从类型还是数量上来说都所见寥寥。那些实现固化并且保存下来了的小部分个人档案往往不是出于个人记录或者更高层次的社会文化因素，而是为了保存家庭世系和家庭活动信息以备查考和传承，属于那些具有"精英、财富、地位和权力"的社会阶层，因为社会精英的个人材料往往被认为具有更高的

---

① 加小双.档案资源社会化:档案资源结构的历史性变化[M].杭州:浙江大学出版社,2019:53.

价值。例如,法国国家档案馆中保存了共 600 个私人档案全宗,这些全宗都是中世纪以来的法国著名家族(如拿破仑家族等)、著名人物(主要是科技界、新闻界、政治界、经济界的名人)在非公务活动中形成的档案。① 所以,在信息和通信技术尚不发达的社会中,个人存档活动并没有形成大量的个人档案。随着互联网普及率逐渐增高,个人存档对象已经由知名人物的私人文件(包括文字手稿、私人日记等)演变为所有公民个人的日常记录。个人存档不再是权力阶层的专属特权,大众公民作为自己的档案工作者,已经成为未来个人存档的趋势。

本节对个人数字存档发展历程中出现的核心概念进行界定,对相关概念进行辨析,厘清它们之间的关联,才能更好地开展下一步的研究,为后文奠定基础。

1.2.1 核心概念界定

1.2.1.1 科研人员

《国家创新驱动发展战略纲要》提出科技与人才是国力强盛最重要的战略资源,应尊重知识、崇尚创新。② 刘选会等人认为,科研人员是指掌握和利用符号和概念,利用知识与信息工作的人,他们对于一个组织具有不可替代的特殊价值。③ 甘立人和高依曼认为科研人员都有或多或少的科研任务,经常需要搜集、撰写和保存一些与科研课题相关的学术信息。

上述研究者基本上从任务、价值等不同维度界定了科研人员,参考这些观点,本研究将科研人员界定为,专门或主要从事学术研究并具备一定知识水平及科研能力的科研及科技人员,根据实际,他们具体包括高等院校中的教师、硕博群体及科研院所的工作人员等。

1.2.1.2 个人数字存档

人类自古以来便拥有对保存记录的需求,个人存档(Personal Archiving)是一种个体为了满足自我需求而发生的实践行为。④ Cox 认为保存记录是"人类

---

① 尹达,邓衍明.德国归来话思考[J].中国档案,2013(6):42-43.

② 王俭,修国义,过仕明.虚拟学术社区科研人员信息行为协同机制研究——基于 Research Gate 平台的案例研究[J].情报科学,2019,37(1):94-98+111.

③ 刘选会,张丽,钟定国.高校科研人员自我认同与组织认同和科研绩效的关系研究[J].高教探索,2019(1):17-23.

④ 周耀林,赵跃.国外个人存档研究与实践进展[J].档案学通讯,2014(3):79-84.

的本能",人们有翻阅和利用个人档案的需求,这促使人们主动去保存各种文件。① 但正如前文所言,在过去,书写文件或者固化信息是奢侈的,个人存档往往只属于那些权力阶层的人们,对普通人而言显得心有余而力不足。但是数字技术的飞速发展与个人迫切与过去建立连接的需求,让过去个人存档只属于权力阶层的状态发生了改变。个人数字记录由机构层面开始向个人存档层面转化,存档对象也由知名人物的私人文件(包括文字手稿、私人日记等)演变为所有公民个人的日常记录。个人存档不再是权力阶层的专属特权,大众公民已成为自己的档案工作者。

对于个人存档到底属于什么学科研究领域,不同学者持有不同的观点。Sinn 等人认为个人存档属于个人信息管理研究范畴,侧重于关注数字材料的价值、数据格式转换、数字信息资源的长期存取等问题②;Terras 认为个人存档属于文件与档案管理(Archives and Records Management,ARM)研究范畴,更要注重强调通过各种管理流程和技术手段,保证个人文件的完整性与真实性③;赵跃认为个人存档应立足于图书情报与档案管理进行科学定位,处于个人信息管理、文件与档案管理、网络信息存档等领域的研究交叉的中点④。

数字时代到来后,大量数字材料的涌现,使得个人存档的对象变得更加复杂,国内外学者将视线更多地由个人存档向个人数字存档(Personal Digital Archiving,PDA)聚焦。⑤ 个人数字存档也因为互联网的普及面临大量的问题与挑战,越来越多的学者开始关注并对其进行探讨。⑥ 美国档案学会定义个人数字存档为"保存自己具有持续价值数字记录的行为"。⑦ Donghee 赞同个人数字存

---

① Cox R J. Digital Curation and the Citizen Archivist[C]//Proceedings of Dig CCurr2009: Digital Curation: Practice, Promise, and Prospects. Chapel Hill, 2009:102-109.

② Donghee Sinn, Sue Yeon Syn, Sung-Min Kim. Personal Records on the Web: Who's in Charge of Archiving, Hotmail or Archivists? [J]. Library&Information Science Research, 2011, 33 (4):320-330.

③ Melissa Terras. I, Digital: Personal Collections in the Digital Era[J]. Journal of the Society of Archivists, 2012, 33(2):112-113.

④ 赵跃. 数字时代个人档案研究框架的构建——从个人存档研究的定位与视角谈起[J]. 档案学通讯,2017(02):63-68.

⑤ 周耀林,赵跃. 国外个人存档研究与实践进展[J]. 档案学通讯,2014(3):79-84.

⑥ Cushing A L. Highlighting the Archives Perspective in the Personal Digital Archiving Discussion[J]. Library Hi Tech,2010,28(2):301-31.

⑦ Sandy H M, Corrado E M, Ivester B B. Personal Digital Archiving: An Analysis of URLs in the .edu Domain[J]. Library Hi Tech, 2017, 35(1):40-52.

档是一种记录行为,指用户以各种备份方式来保存包括邮件、博客等在内的各种个人记录的行为。① Redwine 认为,"PDA 是指个人如何管理或跟踪他们的数字文件,例如将数字文件存储在何处以及如何描述和组织这些数字文件"。冯湘君指出了个人数字存档意愿与行为之间的差异性,她认为,个人数字存档意愿与个人数字存档行为不存在完全的一致性,拥有个人数字存档意愿的人不一定会发生存档行为,个人数字存档意愿仅仅是个人的偏好和倾向,从意愿到行为还受到其他因素的影响。②

综上所述,笔者认为,个人数字存档是个人存档的下位概念,是对个人在实践中产生且归属于个人的具有价值的数字记录的一种保存行为。

1.2.1.3　个人数字存档对象

无论是从哪一领域进行研究,作为研究的出发点,个人数字存档的对象都是无法回避的问题,众多学者均就此进行过讨论分析。不同领域的学者对个人数字存档对象的叫法不一,目前尚未形成统一的表述。

数字人生项目(Digital Lives)首席研究员 Neil 用个人数字汇集(Personal Digital Collections,PDC)指代个人数字存档对象,他认为,个人数字存档对象是那些人们生成和获取的关于自己和服务于自己的数字信息,是一整个不断增加的个人数字材料集。不包括政府持有的关于个人的信息(例如人口普查文件)或者第三方生成的个人工作述评。同时由个人生成、收集且保管的工作文件、家庭照片或其他材料,即便内容涉及亲人与朋友,也属于个人数字汇集的一部分;Jones 与 Elsweiler 则以个人信息空间(Personal Space of Information,PSI)指代个人数字存档对象。Jones 等认为,PSI 作为一种对信息内容整体进行集成控制的模式,涉及的内容不仅涵盖了文本文件、出版读物、网络信息,还包括了各类信息系统中的用户文件以及网络存档信息。另外,一些类似于存储在网络共享环境中的个人信息,虽然不在个人单独控制内的信息单元,但仍是属于 PSI 的

---

① Sinn D, Syn S Y, Kim S. Personal Records on the Web: Who's in Charge of Archiving, Hotmail or Archivists? [J]. Library & Information Science Research, 2011,33(4):320-330.

② 冯湘君. 大学生个人数字存档行为与意愿研究[J]. 档案学通讯,2018(5):13-17.

一部分。① Jones 与 Elsweiler 将个人信息分为六种：（1）个人所拥有或者可以编辑修改的信息，如个人手机和电脑中的数字文件等；（2）关于个人的信息，如个人医疗记录、图书馆借阅记录等；（3）指向个人的信息，如浏览网页时页面弹出的广告等；（4）由个人发送、编辑的信息，如电子邮件、空间主页等；（5）个人所遇见的信息，如过去浏览过的网页、在图书馆所看过的图书等；（6）与个人相关或对个人有用的信息，如求职信息、租房信息等，需要通过过滤使之有用。②③ Inter PARES2 项目、PARADIGM 项目、美国国会图书馆均将个人数字存档对象称为个人数字材料（Digital Materials），指的是个人形成的所有数字记录；个人数字存档会议前三届的组织和召集者认为个人数字存档对象是"个人而非机构生成以个人数字汇集、收集和保管的数字材料"④；Donghee 提出，个人数字存档对象是包括邮件、博客在内的各种个人记录⑤；而 Gemmell 等人认为"元数据系统生成的关于文件的创建、位置、大小等等的数据，也应作为个人数字存档对象的一部分"⑥；我国档案学者王新才、徐欣欣认为个人数字存档对象最准确的叫法是 Personal Digital Records，是个人活动过程中形成的（生成或收到）的 document，并被搁置（set aside）起来以备活动执行和参考⑦。

不同学科学者都从不同视角对个人数字存档进行了定义，虽然未形成统一的表述，但是得到所有学者认同的观点是，个人数字存档对象是个人在实践中

① Jones W, Bruce H, Bates M J, et al. Personal Information Management in the Present and Future Perfect: Reports from a Special NSF-Sponsored Workshop[J]. Proceedings of the American Society for Information Science & Technology, 2010, 42(1):45-51.

② Jones W. The Future of Personal Information Management, Part I: Our Information, Always and Forever[J]. Synthesis Lectures on Information Concepts Retrieval and Services, 2012, 4(1):1-125.

③ Elsweiler D. Keeping Found Things Found: The Study and Practice of Personal Information Management[J]. Journal of the American Society for Information Science & Technology, 2009, 60(8):1725-1727.

④ Jeff U. Personal Digital Archiving: What They Are, What They could be and Why They Matter[M]// Donald T. Hawkins. Personal Archiving: Preserving Our Digital Heritage. New Jersey: Information Today, 203: 1-9.

⑤ Sinn D, Syn S Y, Kim S. Personal Records on the Web: Who's in Charge of Archiving, Hotmail or Archivists? [J]. Library&Information Science Research, 2011, 33(4):320-330.

⑥ Gemmell J, Bell G, Lueder R. My Life Bits: A Personal Database for Everything[J]. Communications of the ACM, 2006, 49(1):88-95

⑦ 王新才,徐欣欣. 国外档案学视阈下的个人数字存档对象及其对应中文词探析[J].档案学通讯, 2016(5):33-39.

产生并且归属于个人的一切具有价值的数字材料①,这也是本研究所持的基本观点。

1.2.1.4　个人数字档案

个人数字档案被国外记忆机构定义为"个人创造、获取、积累和保存的数字信息"②,是数字形态的个人档案。因此,对个人档案的解释不同的学者,自然对个人数字档案持不同的理解。最早刘智勇提出"个人档案是任何个人所形成的档案,不论这个人多么普通"③,但这种观点在很长一段时间并没有被学者们所关注。早期"个人档案"通常被用来指代"人事档案",即组织、人事管理部门或其他部门在人事管理活动中形成的关于个人经历和德才表现的历史记录④,形成于延安时期的审干活动⑤。这里所指的"人事档案"是由单位形成并保管,并不属于个人数字存档的范畴。而后,部分人认为个人档案与名人档案具有同样的内涵,如丛培丽认为个人档案是社会知名人士在社会活动中形成的、能够记载和反映个人生平历史、学术水平、工作效果等不同方面的各种载体形式的档案集合。⑥

当社会全面步入数字时代,早期刘智勇所提出的"个人档案是任何个人所生成的档案"的观点其价值才为人重新发现,并引起重视。对个人档案的认识已经从知名人物或权力人物的私人文件演变为了现在普通公民的日常学习生活记录和实践记忆。⑦ 比如,Cox 在他的著作《个人档案和一个新的档案使命:

①　周耀林,黄玉婧,王赟芝.个人数字存档对象选择行为影响因素研究[J].档案学研究,2019(3):106-112.

②　Williams P, John J L, Rowland I. The Personal Curation of Digital Objects[J]. Aslib Proceedings, 2013, 61(4):340-363.

③　刘智勇.也谈个人档案、名人档案和私人档案——与方习之同志商榷[J].档案,1989(6):33-35.

④　杨利军,萧金璐.从制度层面看人事档案本人阅档权的实现[J].档案学通讯,2016(3):18-22.

⑤　顾亚欣.延安审干与人事档案制度的形成[J].档案学通讯,2017(1):96-99.

⑥　丛培丽,王学军.名人档案的收集整理及思考[J].山东档案,2000(3):11-12.

⑦　曲春梅.理查德·考克斯档案学术思想述评[J].档案学通讯,2015(3):22-28.

阅读、回想与反思》提出了"公民档案人"(Citizen Archivists①)的概念,认为公民档案人就是"那些对保存、收集和/或整理个人和家庭档案感兴趣并试图保存、收集和/或整理的公众们",而档案工作者则可以扮演教育者和顾问的角色,为每一个公民档案人提供指导②;Cox 认为在现在这个数字时代,每一个人都在建立属于自己的数字档案,每个人都是自己的档案工作者。而职业档案工作者则可以成为辅导员、宣传员与教练员,与社区共建共享档案,不需要把所有的档案都收藏在档案馆中③。现在,个人数字存档行为发生在任何一个普通的个人身上。

所以,个人档案是产生于私务活动,是用以记录个人生活的,而不是政府或企业组织内的公务活动,个人档案所具有的主体特征使它与组织机构产生的档案区别开来。④ 名人档案是个人档案的一种特殊形式,由特殊的部分"个人群体"所产生,个人数字档案则是数字形式的"个人档案",产生于个人数字存档行为之后。

1.2.2 相关概念辨析

1.2.2.1 私人档案与个人档案

对于私人档案的定义,档案界已经有过许多学者进行过探讨和阐述。其中,比较有代表性的观点有:陈琼认为,由个人或政府机构、组织,形成或占有的档案即为私人档案⑤;丁华东认为,个人和家庭或者家族、私营企事业单位,在其私人事务活动中形成且通过合法途径获得的档案是为私人档案⑥;黄项飞表示,私营企业、事业单位及公民个人通过继承、赠送等途径获得的档案也可认定为

① 此处 Cox 所提出的 Citizen Archivist 与美国国家档案馆馆长大卫·菲尔力诺提出的 Citizen Archivist 是完全不同的两个概念。Cox 是针对公民对个人档案的收集和保管;而大卫·菲尔力诺则是强调公众志愿参与档案馆的著录、转录或者数字化等公民档案项目,充分利用网络协同力量,鼓励公民积极参与档案馆的工作。一方面借助公民志愿者的庞大力量帮助档案馆完成大量的任务,另一方面也可以实现公共教育的目的,增加公众对档案馆的认识。

② Cox, R J. Personal Archives and a New Archival Calling: Readings, Reflections and Ruminations [M]. Duluth, MN: Litwin Books, 2008.

③ 特里·库克. 四个范式:欧洲档案学的观念和战略的变化——1840 年以来西方档案观念与战略的变化[J]. 档案学研究,2011(3):81-87.

④ 吕文婷. 国外个人档案研究进展与思考[J]. 档案学通讯,2018(4):49-54.

⑤ 陈琼. 各国私人档案管理法规研究[J]. 档案学通讯,2003(6):14-19.

⑥ 丁华东. 私人档案的社会性及其管理[J]. 档案与建设,1999(11):17-18.

私人档案[①];赵家文等人认为,私人档案是私人所拥有的档案,是相对公有档案、国有档案或公共档案而言的概念,是所有不由国家提供经费的单位和个人形成的档案[②];加小双认为私人档案可以理解为"非官方来源的档案",分为"证据—记忆"和"记忆—证据"两类,而个人存档以其鲜明的个人情感价值特征,显然属于后者[③]。

国外对于私人档案概念的表述,可资参考借鉴的有:法国 1979 年颁布的《法兰西共和国档案法》,其中规定"私人档案是指任何法人、任何私人机构或部门在自身活动中产生或收到的不限其形成日期、形式和载体的文件整体"[④];国际档案理事会《档案术语词典》定义私人文件/档案为"非官方性质的机关、团体、组织所形成或非官方来源的文件/档案"。

可以看出,私人档案的概念在国外和国内都不仅仅是指"个人"所形成的档案,还包含了所有非官方性质的机构组织所形成的档案,是"共同档案/国有档案"的相对概念。个人档案与私人档案的区别也很明显地体现在形成主体和范畴上:在形成主体上,个人档案的形成主体被涵盖在私人档案的形成主体之中,前者仅有个人,而后者则包括个人、非国家(政府)机构、其他组织、企事业单位等;在范畴上,个人档案的范畴明显小于私人档案,个人档案是个人在实践活动中形成的,而私人档案则将个人在实践活动中形成的与其通过合法途径获取的部分都包含在内。但是,私人档案与个人档案的所有权皆归个人所有而非国家。私人档案从字面上更强调所有权的私有性,与个人档案的表述各有侧重。本研究主要讨论的是个体的人对自己产生的数字档案的保存行为,因而更倾向于使用"个人档案"这一概念。

1.2.2.2 名人档案与个人档案

对名人档案的研究,国内学界开始于 1984 年,南京大学档案馆征集组建"名人全宗",得到了国家教委和国家档案局的肯定和支持,而后迅速引起了档

---

① 黄项飞.设置私人档案管理中心的设想[J].山西档案,1995(3):24-25.
② 赵家文,李逻辑.私人档案立法保护之我见[J].中国档案,2004(3):10-12.
③ 加小双.论档案资源结构的历史性变化[J].档案学通讯,2019(2):105-108.
④ 中国档案学会对外联络部,档案学通讯编辑部.外国档案法规选编[M].北京:档案出版社,1983:136-138.

案界的共鸣。① 名人档案通常也被称为"人物档案",周耀林等认为名人档案是由不同时期、不同行业或者不同领域的著名人物在其社会活动、家庭活动中形成的对国家、社会和个人有保存价值的各种不同形式和载体的记录。② 徐娇等称名人档案是政治家、艺术家、文化专家等著名人物形成的具有保存价值的文字、影像及其他各种形式的历史记录。③ 汪长明认为名人档案是一种能够反映名人成长经历、学术活动、科学成就、社会贡献,以及家庭与社会活动等各种具有保存、查考和利用价值的历史记录。④ 覃兆刿和马继萍表示名人档案与名人事业的发展是"同构共生"的关系。名人档案产生于名人的事业活动中,伴随着名人的事业发展而不断丰富发挥其价值,同样名人事业的可持续发展,也一定程度上依赖于名人档案的推动催化作用。⑤ 吕瑞花和覃兆刿认为名人档案是指反映名人一生经历和贡献的具有保存、查考和利用价值的文字、声音与形象的记录,记录着著名人物学术、教育与社会活动等,载体形式丰富,具有很高的历史价值和学术研究价值。⑥ 唐慧雯认为,名人档案具有集成度低、互联性差、分散、无规律、碎片化等特点。⑦

综上所述,名人档案也属于个人档案的范畴,早期的个人存档行为往往针对的都是名人档案,而现在个人存档往往面向更多普通公众,个人数字存档对象已经由知名人物的私人文件演变为所有公民个人的日常记录,个人存档不再是权力阶层的专属特权。此外,不同于本书所要研究的个人数字存档行为,名人档案多由档案机构立档保存。

---

① 朱文祥.群星闪烁[M].南京:南京大学出版社,1993:1-2.

② 周耀林,章珞佳,常大伟.名人档案信息化建设进展、问题与发展趋势[J].中国档案,2017(1):76-78.

③ 徐娇,赵跃,张伟.名人档案信息化建设质量控制研究[J].中国档案,2017(1):79-81.

④ 汪长明.知识管理:科技名人档案的认知、组织与揭示[J].档案与建设,2016(2):11-15.

⑤ 覃兆刿,马继萍.论科技名人档案与科技发展的互构——以我国"老科学家学术成长资料档案库"建设为例[J].档案学研究,2016(4):52-56.

⑥ 吕瑞花,覃兆刿.基于"活化"理论的科技名人档案开发研究[J].档案学研究,2015(4):4-7.

⑦ 唐慧雯.面向用户的内容与方式:美国高校名人档案网络传播现状分析[J].档案与建设,2018(5):13-16.

1.3 研究回顾

1.3.1 科研人员信息行为研究综述

个人数字存档行为属于信息行为的一种。由于不同群体之间的信息行为会存在很大的差异,因此针对某一特定群体进行具体研究更能够探寻出这个群体的特征,更能够尽可能深入地挖掘其行为规律。而同一个群体的不同信息行为之间可能会存在一定的相关性,因此本节主要对科研人员信息行为及其特征、科研人员信息行为影响因素和科研人员信息行为中存在的问题与困境三个方面进行梳理。

1.3.1.1 科研人员信息行为及其特征

2008 年英国图书馆与联合信息系统委员会 JISC 发布了"未来研究人员的信息行为"研究报告,对未来的科学研究环境及伴随着互联网成长起来的一代人成为科学家后的信息行为进行了预测。报告指出,越来越多的科研人员正在通过 Email、Blog、个人社交媒体网页发布自己创造的内容,信息环境的改变为科研行为带来了变化,科研人员会期待能够从自己所存储的数字材料中获取有效的学术信息,进行科研创新。Zach 对艺术管理人员的信息查询行为进行了案例调查,通过电话访谈英国 450 所研究型大学的 450 名研究人员,发现对于科研工作而言,信息检索不可或缺。科研人员往往必须通过信息检索筛选自己需要的信息,进行加工后再保存下来。Meho 和 Tibbo 给科研人员发送电子邮件搜集访谈数据,发现科研人员认为对网络中收集到的信息进行有效的存储和组织十分重要,通过对网络中的学术信息进行组织和整理能够进一步促进他们科学研究的发展。[①] Alsuqri 通过焦点小组访谈、电子邮件访谈和面对面访谈三种方式调研了发展中国家东部大学的社科研究人员,探索他们的查询行为在技术环境的改变下发生了什么变化,结果表明过去经典研究中的信息行为模型在技术环境的改变下仍适用于研究用户信息查询行为。[②] 董小英等人对我国科研用户信

---

① Meho L I, Tibbo H R. Modeling the Information-seeking Behavior of Social Scientists: Ellis's Study Revisited[J]. Journal of the American society for Information Science and Technology,2003,54(6):570-587.

② Alsuqri M N. Information-seeking Behavior of Social Science Scholars in Developing Countries: A Proposed Model[J]. International Information & Library Review, 2011, 43(1):1-14.

息查询行为和信息利用等行为进行了分析,发现科研用户信息需求更为强烈,对网络中信息资源的使用率更高,可以较为熟练地使用网络数字资源。①

  在线社交网络(Social Network Sites,SNS)是一种网络服务,其服务允许用户创建个人档案,建立朋友圈并相互浏览。② 个人档案、朋友及相互浏览是在线社交网络最核心的特征。③ "网络资源存档"(Web Archiving)则是收集网络中的内容并将其档案化,使其能够作为档案被使用的一个过程。赵珞琳认为,网络资源存档是重要的数字资料和数据来源。④ 作为一个特殊的群体,科研人员同样也在广泛使用在线社交网络。科研人员除了会使用大众普遍使用的Facebook、Twitter、微博等,也会使用一些学术性社交网络,如Research Gate、Academia .edu 和 Mendeley 等。在这些社交网络中创建自己的个人档案即为个人数字存档行为的一种方式,许多学者也对其进行了相应的研究。Mahajan 等人调查了印度两所高校中科研人员使用在线社交网络的行为,发现大多数的科研人员都有注册在线社交网络账号,其中 Facebook 最为流行,其次为 Google Orkut,Research Gate 则排在第三位。⑤ Ortega 对西班牙国家研究委员会的 6132 位科学家进行调研,发现 GS、Academia .edu、Research Gate 和 Mendeley 是科学家常用的在线社交网络。⑥ Elsayed 调查了 315 位阿拉伯科研人员,结果发现阿拉伯科研人员会使用学术社交网络共享出版物,其中 Research Gate 是他们使用最为频繁的学术性在线社交网络。⑦ 张耀坤等人对相关文献进行收集梳理,发现尽

---

① 董小英,张本波,陶锦,等.中国学术界用户对互联网信息的利用及其评价[J].图书情报工作,2002(10):29-40.

② Boyd D M,Ellison N B. Social Network Sites:Definition, History, and Scholarship[J]. Journal of Computer-mediated Communication,2008,13(1):210-230.

③ Ahn J. The Effect of Social Network Sites on Adolescents' Social and Academic Development:Current Theories and Controversies[J]. Journal of the American Society for Information Science and Technology,2011,62(8):1435-1445.

④ 赵珞琳.人文社会科学领域网络资源存档利用现状综述[J].信息资源管理学报,2019,9(3):33-40.

⑤ Mahajan P,Singh H,Kumar A,et al. Use of SNSs by the Researchers in India[J]. Library Review,2013,6(8/9):525-546.

⑥ Ortega J L. Disciplinary Differences in the Use of Academic Social Networking Sites[J]. Online Information Review,2015,39(4):520-536.

⑦ Elsayed A M. The Use of Academic Social Networks among Researchers:A Survey[J]. Social Science Computer Review,2015(6):1-14.

管人们更倾向于认为社交网络的社交功能是最主要的功能,但事实上就目前研究看来,科研人员在学术社交网络中更关注其学术功能,比如共享论文、跟踪同行进展等。①

随着数字技术的进步和互联网的普及,科研人员学术信息素养发生了改变。② 在科研人员信息行为研究中,科研人员的数据素养受到了众多学者的关注。凌婉阳基于大数据和数据密集型科研环境,对科研人员的数据素养进行了概述,分析其目前所存在的问题,并对如何培养和提升科研人员的数据素养提出了相应对策。③ 王晓文和沈思同样基于大数据环境,探讨了我国科研人员进行数据素养教育的必要性与紧迫性,提出我们应借鉴国外经验,解决科研人员数据素养中的关键问题:科研人员对数据素养教育的认知和态度;科研人员数据素养教育的目标定位;如何与当前教育相融合;如何进行专业的培训。④

在众多关于科研人员信息行为的研究中,不少研究者发现,不同学科领域的科研人员,其信息行为会存在较大的差异。Rowlands 等人通过调查发现,人文社科的科研人员较自然科学而言更多地受益于社交媒体。⑤ 李文文和成颖发现,自然科学领域的科研人员更重视信息源的可获取性,更倾向于选择更易获取的数字资源,他们对科学数据依赖性较高,对科学数据管理与共享的意识也相对来说比人文社科领域的科研人员更高。⑥ Megwalu 发现不同学科与社交媒体使用行为之间存在很强的关联性。⑦ 段庆锋通过数据挖掘我国具有代表性的科研社区平台科学网,从多学科比较视角进行实证研究,发现不同学科间的在

---

① 张耀坤,胡方丹,刘继云.科研人员在线社交网络使用行为研究综述[J].图书情报工作,2016,60(3):138-147.

② 肖珑.支持"双一流"建设的高校图书馆服务创新趋势研究[J].大学图书馆学报,2018,36(5):43-51.

③ 凌婉阳.大数据与数据密集型科研范式下的科研人员数据素养研究[J].图书馆,2018(1):81-87.

④ 王晓文,沈思.国外科研人员数据素养教育述评及启示[J].情报资料工作,2017(3):104-108.

⑤ Rowlands I,Nicholas D,Russell B,et al. Social Media Use in the Research Workflow[J]. Learned Publishing,2011,24(3):183-195.

⑥ 李文文,成颖.科研人员信息行为分析及其对图书馆个性化科研服务的启示[J].情报科学,2017(1):76-79+107.

⑦ Megwalu A. Academic Social Networking:A Case Study on Users' Information Behavior[J]. Advances in Librarianship,2015,39(6):185-214.

线学术社交行为存在较大差异。① 赵康考察了不同科研群体的交流行为是否存在差异性。研究发现,人文科学领域学者与自然科学领域学者,他们的研究独立性较强,对于协同工作和数据共享的需求相对弱。而社会科学领域的研究者与工程科学领域的研究者,数据交流更为频繁且跨地区的数据共享和交流不存在过多的障碍。②

1.3.1.2 科研人员信息行为影响因素

科研人员信息行为影响因素研究是信息行为领域研究的关注重点之一。何琳和常颖聪基于 TPB 和 TAM 模型构建了科研人员科学数据共享意愿模型,研究发现,科研人员科学数据共享意愿受态度、主观规范的直接影响和感知行为控制、感知风险、感知有用性的间接影响。③ 孙玉伟等人采用系统综述和元综合方法梳理了科研人员数据复用行为研究,使用 EBL 和 CIS 进行批判性评估和解释综合。发现科研人员数据复用意愿和行为的影响因素涉及个人、机构/技术以及学科/社会等。④ 文静等人对 500 余名科研人员进行调查,利用结构方程模型研究科研人员科学数据重用意愿的影响因素,发现科研人员背景、重用数据质量、重用数据来源及科学数据重用规则因素都会对科学数据重用意愿产生影响。⑤

作为与知识互动最密切者的科研人员,利用一些信息管理工具或知识管理工具管理自己的个人信息,有助于提高科研工作的效率。占南基于扎根理论归纳出了科研人员个人学术信息管理工具的使用意愿受感知有用性、感知易用性、情景因素和个体因素的影响。并基于构建的理论模型为提高信息使用率、提高科研工作效率及开发个人学术信息管理工具提出了相应建议。⑥

---

① 段庆锋. 我国科研人员在线学术社交模式实证研究:以科学网为例[J]. 情报杂志,2015(9):97-101.

② 赵康. 协同科研环境下我国科研人员的信息交流行为及差异性研究[J]. 情报资料工作,2016(6):91-98.

③ 何琳,常颖聪. 科研人员数据共享意愿研究[J]. 图书与情报,2014(5):125-131.

④ 文静,何琳,韩正彪. 科研人员科学数据重用意愿的影响因素研究[J]. 图书情报知识,2019,187(1):13-22.

⑤ 孙玉伟,成颖,谢娟. 科研人员数据复用行为研究:系统综述与元综合[J]. 中国图书馆学报,2019,45(3):110-130.

⑥ 占南. 面向科研人员的个人学术信息管理工具研究[J]. 图书情报工作,2018(21):71-79.

科研人员自存储的影响因素也引发了部分学者的关注。袁顺波对我国科研人员自存储行为进行调查,发现目前我国科研人员对自存储认知度较高,但参与度较低,大多数科研人员并未进行过自存储。[①] 同时,他进一步以态度行为关系理论和信息技术接受理论为基础,指出科研人员以资源提供者身份采纳自存储受到科研信仰、感知成本、感知风险、感知有用性、社群影响和促进条件的影响。[②] 而后,袁顺波通过访谈研究了科研人员参与自存储的促进和阻碍原因。结果发现,科研人员进行自存储的主要原因是自存储资源是免费的,且检索方便,可以作为对现有学术资源的有效补充。而阻碍科研人员进行自存储的原因则是对自存储资源学术质量的担忧,且目前缺乏具有影响力的自存储平台。[③] 近来,袁顺波再次对国内外科研人员自存储相关文献进行梳理,发现科研人员对自存储参与度近来呈现上升的态势。而且,科研人员对自存储认可度较高,大部分都支持科研成果免费开放的理念。提升科研业绩对科研人员自存储行为起正相关作用,而认知不足、版权纠纷与存储质量则对自存储行为呈负相关。其次,学科之间差异对其行为影响较大。[④]

何晓阳研究发现,信息素养、检索费用、专业知识背景等都是影响医学领域科研人员信息行为的关键。现在,如何选择有价值的数字资源进行存储并有效管理成为医学领域科研人员面对的新问题。[⑤]

1.3.1.3 科研人员信息行为中存在的问题与困境

"美国研究人员的研究生涯"报告中指出,科研人员普遍在其个人文件、数据集的存储与组织中存在很多问题,其中对文件、数据集的存储和管理以及对引文的存储和处理已经成为最困扰科研人员的问题,科研人员的个人存储能力需要进行提升。Mizrachi 采用扎根理论对一群 18～22 岁的本科生个人信息管理行为进行了调研,探寻作为"数字原住民"的一代其信息管理行为的特点。研

① 袁顺波. 我国科研人员对自存储的认知和参与现状分析[J]. 图书情报工作, 2013, 57(13): 49-53.

② 袁顺波. 科研人员采纳自存储的影响因素研究[J]. 图书情报知识, 2014(2): 72-83.

③ 袁顺波,张海. 科研人员的自存储参与行为——基于访谈的质性研究[J]. 情报资料工作, 2016(3): 80-84.

④ 袁顺波. 科研人员对自存储的认知及参与行为研究综述[J]. 情报资料工作, 2018(2): 71-79.

⑤ 何晓阳. 国内外医学领域科研用户信息行为研究综述[J]. 中华医学图书情报杂志, 2017, 26(2): 18-22.

究发现,对于"数字原住民"这部分群体来说,对电子学术信息资源的有效保存和管理对他们的生活和学习有重要影响。① 吴跃伟认为科研人员在信息利用过程中不会对其"偶遇"的一些信息进行整理加工组织和保存,导致这些信息资源缺乏高效管理是影响科研人员信息利用最主要的障碍之一。② 由于科研人员对学术信息的需求是针对不同学科而十分个性化的,因此,白光祖等人提出可以面向科研人员建立一个个性化科研信息空间,科研用户可以在该信息空间存取各种类分布式学术信息。③ 包冬梅通过问卷调查发现科研人员会面临数字信息数量过大、无法及时记录有用的信息、在需要时无法找到过去积累的学术信息等问题。究其原因,从客观角度看是因为资源类型格式异构性、累积更新频繁及信息碎片化等原因;从科研人员主观角度看,主要是由于科研人员在进行学术信息搜寻时过于发散,保存个人信息时又过于随意。她提议,从客观上改进和优化学术信息管理工具,从主观上加强科研人员进行个人数字存档的意识和进行技能培训。④

臧国全和杨敏基于 PARSE. insight 的调查,对科研人员数字保存实践进行了分析总结。发现目前科研人员数字保存中面临的主要问题是"数字保存系统缺乏可持续性得不到保证""软硬件缺乏可持续性导致部分书资源无法访问""数字资源来源会改变或丢失从而导致其真实性无从考究""数字资源访问和使用限制受到挑战"等。而科研人员在对数字资源保存的认知上保持了高度的一致,都认为对数字资源进行保存十分有必要。其原因主要是可以促进学科的发展、传承文化遗产以及便于进行数据挖掘等。他们进一步分析称,数字保存可持续性主要从管理、技术、质量保证和经济四个层面保障。同时,目前只有20%左右的科研人员将自己的科研数字保存到各种 e 印本文库中,面向公众的共享率仅有10%。而科研人员的研究型数据共享能够促进相关领域科学研究并节

① Mizrachi D, Bates M J. Undergraduates' Personal Academic Information Management and the Consideration of Time and Task-Urgency[J]. Journal of the American Society for Information Science and Technology, 2013,64(8):1590-1607.
② 吴跃伟. 网络环境下科研用户信息利用障碍分析[J]. 现代情报,2007(3):75-77.
③ 白光祖,吕俊生,吴新年. 科研个性化信息环境初探[J]. 情报科学, 2009(4):502-506.
④ 包冬梅. 数字环境下研究人员学术信息管理的困境与对策[J]. 图书馆,2014(3):133-135.

约大量成本。① 王军运用差距分析法对 PARSE. insight 项目对科研人员的数字保存调查结果进行定量分析,发现科研人员从事科研时间越长,其对数字保存的认知差距就越小。而那些会提供研究型数据到数字保存系统中共享的科研人员的数字保存差距值小于那些不提交者。②

1.3.2 个人数字存档行为研究综述

最早一篇与关于个人数字存档相关的文献,于 1971 年由艾奥瓦州立大学历史系的 Rundell 教授发表在 *American Archivist* 上。Rundell 教授从机构的视角出发探讨了个人记录的归属问题,认为大学档案馆要对反映大学生活真实影像的材料的收集、处理、保存、公开提供指导。③ 档案学领域对于该研究主题的关注始于 2007 年,档案学学者 Marshall 从传统档案学理论出发,指出个人数字存档不仅要解决存储的数字档案类型、存档的方式以及如何保证长期访问等基本问题,还需要考虑个人数字档案的鉴定、在线整合和离线存档、附加信息的整理、个人数字档案隐私和安全、知识产权以及个人数字存档能力等问题。而国内档案界对个人数字存档的研究则起步相对较晚。王海宁、丁家友对微软研究院 MyLifeBits 项目进行详细分析,以探索国外个人数字存档理论及实践研究进展④,拉开了国内研究个人数字存档的序幕。随后周耀林和赵跃发表了多篇文章对国外个人存档研究进行探讨⑤⑥,并对目前个人数字存档研究的热点进行分析⑦。之后,不同学科的学者都从不同的角度对个人数字存档进行了探讨,本节主要从个人数字存档行为面临的挑战和个人数字存档行为影响因素两个方面进行梳理。

1.3.2.1 个人数字存档行为面临的挑战

个人数字存档行为中的挑战主要可以从个人和技术两个视角展开分析。

---

① 臧国全,杨敏. 数字保存的认知与实践——基于对科研人员的调查[J]. 图书馆,2012(1):59-61.

② 王军. 数字保存的差距分析——基于对科研人员的调查[J]. 图书馆建设,2014(4):34-40.

③ Rundell W. Personal Data from University Archives[J]. American Archivist, 1971, 34(2):183-188.

④ 王海宁,丁家友. 对国外个人数字存档实践的思考——以 MyLifeBits 为例[J]. 图书馆学研究,2014(6):62-67.

⑤ 周耀林,赵跃. 国外个人存档研究与实践进展[J]. 档案学通讯,2014(3):79-84.

⑥ 周耀林,赵跃. 基于个人云存储服务的数字存档策略研究[J]. 图书馆建设,2014(6):21-24+30.

⑦ 周耀林,赵跃. 个人存档研究热点与前沿的知识图谱分析[J]. 档案学研究,2014(3):23-29.

数字保存联盟报告中强调,目前个人数字存档最主要的问题是缺乏存档技术与存档意识。意识是人类的大脑对客观物质世界的反映,是感觉思维和各种大脑活动的总和,意识影响着行为。Marshall 表示,事实上人们也许知道该对某些重要信息进行保存,但是它们往往认为这是一件烦琐的事情,缺乏耐心去做它,又或者是缺乏时间与专业的技能。[①] 他认为,现在很多人对个人数字存档了解不足,对一些个人数字存档工具中的信息存储功能不知道如何使用。事实上个人数字存档的主要任务就是对个人数字材料的管护、分布式存储、长期存取及价值积累。[②] 段先娥对武汉大学 414 个硕士研究生的个人数字存档现状进行调查发现,83.48%的学生认为个人数字存档中所面临的最大的挑战是个人隐私安全难以得到保障;一半的学生表示,个人数字档案十分分散且数量巨大,是存档过程中面临的最大挑战。另外,个人数字存档专业性过强以及一些个人数字存档技术和工具的设置和使用难度过大,阻碍了他们的个人数字存档行为。[③]

个人数字存档和过去传统的存档方式不同。后者一般是将一些纸质材质的文档放在一些适合保存的场所进行保管;个人数字材料却需要依赖特定的硬件与软件。因而,硬件与软件的损毁都会造成数字材料的丢失。黄国彬等认为,存储介质都有其使用寿命,可用时间有期限,随着存储技术的进步过去存储介质上的文件可能无法在新的介质中进行读取,存储介质在使用过程中可能受到周围环境不同程度对其造成的损伤,这些都构成了个人数字存档潜在的技术风险。[④] 而我们每天都在微博、微信等个人社交平台发布微博和朋友圈状态,用手机、录像机拍摄相片与视频记录生活,越来越多的数字材料分散在各种各样不同的设备和系统里面,个人数字材料的数量巨大和来源多样为个人数字存档造成了很大的困难。Rothenberg 从个人数字档案自身特点进行分析,称数字档案的寿命一直以来是大家关注的重点,其保存时限难以得到保证,面对不断增

---

① Marshall C C. Rethinking Personal Digital Archiving, Part 1: Four Challenges from the Field[J]. D-Lib Magazine, 2008, 14(3):34-46.

② Marshall C C. How People Manage Information over a Lifetime[M]//Jones W, Teevan J. Personal Information Management. Seattle, WA:University of Washington Press, 2007:57-75.

③ 段先娥. 我国大学生个人数字存档现状调查与策略研究[D].武汉:武汉大学,2018:29.

④ 黄国彬,邸弘阳,王舒,等.面向个人数字数据存档的图书馆服务研究[J].图书情报工作,2018,62(7):21-29.

多的数字资料,大量数字遗产面临损毁和丢失的风险。① 一些学者同意个人数字存档中个人隐私和信息安全问题十分重要,却很容易被忽视。②③④ Brown 等人认为,现在的个人信息安全问题是他们最大的顾虑,一些云存储平台虽然十分方便,但是很多人却并不敢将自己的个人材料仅仅存储在云端,一旦该云存储平台关闭或者停业,那么上传在其中的所有个人信息都面临丢失和泄漏的风险。⑤ 虽说目前云存储市场正在扩张,但诸如 115 网盘、360 云盘等网盘都陆续因各种原因关闭了个人云存储服务,所有云盘账号都被撤销并清空。可见,云服务提供商是否能够健康发展以及国家政策法规支持也对个人云存储行为有重要影响作用。

综上所述,笔者认为个人数字存档过程中面临的挑战可以归纳为以下几个方面:数字材料数量巨大且分散;存档方法专业性太强,缺乏指导与培训;存档技术和工具使用难度大;不知如何筛选有价值的数字材料进行保存;对于存储后的文件不知如何分类整理;存档后数字文件的安全性无法得到保障。

1.3.2.2 个人数字存档行为影响因素

目前针对个人数字存档行为的研究主要聚焦于对个人数字存档现状的调查,调查内容包括方式、习惯、态度、技能、认知与使用工具等。⑥ 个体的差异会造成个人数字存档行为有非常大的差异,因此,国外有关个人数字存档研究多是基于特定群体展开。Jones 等人对科研人员个人数字存档行为进行了研究,

---

① Rothenberg J. Avoiding Technological Quicksand: Finding a Viable Technical Foundation for Digital Preservation. A Report to the Council on Library and Information Resources[M]. Council on Library and Information Resources, 1755 Massachusetts Ave. , NW, Washington, DC 20036,1999.

② Kleek M V, Ohara K. The Future of Social is Personal: The Potential of the Personal Data Store [M]//Daniele Miorandi. Social Collective Intelligence. New Delhi: Springer International Publishing, 2014: 125-158.

③ Czerwinski M, Gage D W, Gemmell J, et al. Digital Memories in An Era of Ubiquitous Computing And Abundant Storage[J]. Communications of the Acm, 2006, 49 (1) :44-50.

④ Berman F. Got data: a Guide to Data Preservation in the Information Age[J]. Communications of the ACM, 2008, 51 (12) :50-56.

⑤ Brown K E K. Book Review: Personal Archiving: Preserving our Digital Heritage [J]. Library Resources&Technical Services, 2015, 59 (2) :94.

⑥ Boardman R, Sasse M A. "Stuff goes into the computer and doesn't come out": A Cross-Tool Study of Personal Information Management[C]//Proceedings of the SIGCHI conference on Human Factors in Computing Systems. Communications of the ACM, 2004: 583-590.

发现信息可携带性、可获取渠道、整合和维护及是否易于长期保存等因素会影响人们对存档方法的选择。① Teuteberg 和 Burda 通过研究发现，个人云存储行为会受到存储成本、是否加密、可访问性、云存储空间和软件服务的影响。② Copeland 认为存档行为受个人、社会和技术因素共同影响。③ John 等人认为个人的社会地位、经济实力、数字技术、信息伦理和法律政策都会影响到数字材料的归档。Sinn 等人认为，技术效力和个人遗产意识是个人数字存档的主要影响因素。④ 赵跃提出，随着个人在存档中主体地位认知的加深，个人存档的意识、态度、动机、方式、工具、技能等都是数字时代个人存档实践需要解决的基本问题。而个体之间如年龄、职业、学历、教育背景、信息素养、文化背景、技术背景、家庭环境、工作环境等内外部因素都对其行为差异性影响巨大，但个体之间的差异性对个人数字存档行为研究造成很大的影响，进一步影响群体的差异性，所以可以对不同群体开展个人存档行为研究。⑤ Cox 指出，政府机构和非政府组织对公众的培训与指导同样对个人数字存档行为有很重要的影响，档案专业人员应该向公众提供个人数字存档指导服务，这对于增强个人数字存档意识和提升个人数字存档能力有重要正向作用。⑥

郭学敏在对现有文献进行梳理的基础上，设计问卷并构建个人数字存档行为中介效应模型，随机发放给 200 位中国网民，利用 SPSS 22.0 对回收的 181 份问卷数据进行处理及二元 Logistic 回归分析，验证发现，存档行为受存档主体对存档对象价值判定、存档能力的掌握程度的影响，个人数字存档行为与其个人因素、存档意识及存档能力有强相连关系，个人的年龄、上网的网龄和学历都会

① Jones W, Dumais S, Bruce H. Once found, what then? A Study of "keeping" Behaviors in the Personal Use of Web Information[J]. Proceedings of the American Society for Information Science & Technology, 2010, 39(1):391-402.

② Teuteberg F, Burda D. Exploring Consumer Preferences in Cloud Archiving - A Student's Perspective [J]. Behavior & Information Technology, 2016, 35(1-3):89-105.

③ Copeland A J. Analysis of Public Library Users' Digital Preservation practices[J]. Journal of the American Society for Information Science & Technology, 2011, 62(7):1288-1300.

④ Sinn D, Kim S, Syn S Y. Personal Digital Archiving: Influencing Factors and Challenges to Practices [J]. Library Hi Tech,2017,35(2):222-239.

⑤ 赵跃. 数字时代个人存档研究框架的构建——从个人存档研究的定位与视角谈起[J]. 档案学通讯,2017(2):63-68.

⑥ Cox R J. Personal Archives and a New Archival Calling: Readings, Reflections and Ruminations[M]. Litwin Books, LLC,2008.

影响其对数字材料的认知及其存储数字材料的能力。① 周耀林等人采用质性研究方法对 15 位具有个人数字存档经验的人进行半结构化访谈,构建个人数字存档对象选择模型,发现其受情感需求、价值驱动、任务导向及平台择用四个主范畴的共同影响,并分为平台空间、平台规范、平台安全、即时价值、潜在价值、证据价值、工作记录、阶段成果、记忆留存和个人喜好十个子范畴。②

而近年来,个人数字存档行为研究开始选择学生群体作为研究对象。克罗地亚个人数字存档研究团队相继对不同学科背景和不同年级的大学生的个人数字存档行为进行调研。调查内容主要聚焦于习惯、态度等因素对存档的影响。③ 冯湘君选取大学生群体研究发现,学科背景与性别的不同,会使得个人数字存档意识与行为产生显著差异,而目前电子邮箱和 QQ 空间都已经被大学生视为重要的个人数字存档平台,在这两个平台中对个人信息进行选择性保存时,不仅是基于保存社会文化资源,更多的是基于满足自身的信息需求。④

1.3.3　研究述评

通过对科研人员信息行为与个人数字存档行为相关文献的梳理,发现已经有不少学者对个人数字存档行为开展了研究。这些研究结论为本研究提供了重要的参考,并在研究思路与研究方法上启发着本研究。尽管目前科研人员信息行为和个人数字存档行为研究已经积累了一定的研究成果,但是,与个人数字存档需求的迫切性相比,研究无论是从数量还是质量上讲,仍存在不足,已有研究尚待进一步深化和开拓。

从研究主题上看,目前关于个人数字存档的研究,国内起步较晚。国外亦聚焦于探讨个人数字存档的重要性与其意义,以及目前处于数字环境中个人数字存档活动会面对的挑战与风险。因而,总的说来,现有的关于个人数字存档的研究,主要集中于理论探讨层面,缺乏针对个人数字存档主体的研究。个人

---

① 郭学敏.个人数字存档行为中介效应实证研究——基于中国网民的随机问卷调查[J].档案学通讯,2018(5):17-25.

② 周耀林,黄玉婧,王赟芝.个人数字存档对象选择行为影响因素研究[J].档案学研究,2019(3):106-112.

③ Rodden K, Wood K R. How do people manage their digital photographs? [C]// Proceedings of the SIGCHI Conference on Human Factors in Computing Systems. ACM, 2003,409-416.

④ 冯湘君.大学生个人数字存档行为与意愿研究[J].档案学通讯,2018(5):13-17.

数字存档是对个人在实践中产生且归属于个人的具有价值的数字记录的保存行为,个人数字档案形成者在其中发挥着绝对关键的作用,而档案工作者则转向一种辅助者的角色,我们有必要加强对个人数字存档主体的研究,从而更有针对性地提供相应策略支撑。

从研究对象上看,已有的关于个人数字存档行为的实证研究主要以在校大学生为主,缺少针对科研人员的研究。大学生个人数字存档行为固然值得研究,且因其数据相对较易获取,已产生不少出色的成果。然而,科研人员是生产知识的主要群体,担负着增进知识和发明创新的使命,相比较其他群体而言,对于保障国力强盛、社会文化进步,有着更突出的作用,他们的个人数字存档行为同样值得深入研究甚至更为重要。此外,对大学生开展的个人数字存档研究已然排除对年龄、习惯、职称等因素的考量,然而这些与个人数字存档行为的关联,正是个人存档行为研究中必须正面解答的问题。

从研究方法及思路上看,现在关于科研人员信息行为影响因素的研究,主要是通过结构方程建模构建影响因素模型,而已有的科研人员信息行为的影响因素模型主要以科研人员科学数据重用意愿的影响因素模型、科研人员学术社交网站采纳模型、科研人员自存储模型等为主。科研人员在个人数字存档和信息活动中同样表现积极,且其个人数字档案意义重大,但目前针对科研人员个人数字存档行为影响因素尚无较全面系统的研究,亦缺乏成熟的影响因素模型。因此可以选择扎根理论与结构方程建模相结合的方法,将探索性研究与实证性研究相结合,以建立科研人员个人数字存档行为影响因素模型。

因此,本书选择科研人员为研究对象,采用扎根理论与结构方程建模相结合的方式,研究其个人数字存档行为的影响因素与行为规律,以期丰富和完善相关领域的研究。

1.4 研究思路与内容

1.4.1 研究思路

本研究在充分吸收既有研究成果的基础上,力图补足其薄弱环节,选取科研人员作为研究群体,采用扎根理论与结构方程建模相结合的方式,试图全面系统地分析科研人员个人数字存档行为的影响因素与行为规律。这一选题既有研究少,变量多,对笔者而言无疑具有极高的挑战性和困难度。

全书遵循"提出问题—分析问题—解决问题"的思路。首先,通过引言章节分析研究背景并回顾既往研究,确定核心概念,分析已有研究存在的可开拓空间,确定研究主题、研究方法与研究对象。其次,对25名科研人员进行半结构化访谈,通过扎根理论编码挖掘科研人员个人数字存档行为的影响因素,结合档案双元价值理论与相关文献构建科研人员个人数字存档行为影响因素模型。再次,对在校硕博研究生、高等院校教师、研究院所和企事业单位的工作人员等科研人员开展问卷调查搜集数据,进行结构模型检验,对模型结果进行分析与讨论。最后,总结本书的研究结论,指出不足并对未来的研究进行展望。

本书拟解决的问题包括以下几个方面:

(1)科研人员个人数字存档对象的具体内涵;

(2)科研人员个人数字存档行为的影响因素与行为规律;

(3)科研人员个人数字存档行为关键性影响因子;

(4)不同个体特征对科研人员个人数字存档行为存在的感知差异。

1.4.2　研究内容

全书结构包括引言和正文一共八章。

第1章引言。本章对研究背景与意义、概念界定、研究回顾、研究思路与内容、研究方法与创新进行了介绍与阐述。

第2章研究的相关理论基础。主要介绍了本研究所依托的档案后保管理论、文件连续体理论与档案双元价值理论,并探讨了它们在本研究中的适用性与理论指导意义。

第3章对科研人员个人数字存档行为的影响因素进行探测。对科研人员群体进行半结构化访谈,利用扎根理论方法抽取访谈文本中的相关概念和范畴,进而归纳出主范畴和他们之间的关系,探测、识别和表达科研人员个人数字存档行为主要影响因素。

第4章是基于扎根理论进行科研人员个人数字存档行为影响因素理论建构。本章主要是在上一章基本结论的基础上,结合相关文献进行理论建构,归纳提炼出由个体视角、任务视角、技术视角和对象视角四个视角构成的科研人员个人数字存档行为影响因素的理论构架,构建科研人员个人数字存档行为影响因素扎根理论模型。

第 5 章、第 6 章是对科研人员个人数字存档行为影响因素模型的构建和验证。首先,根据档案双元价值理论和相关文献,结合第 4 章的扎根理论模型,构建了科研人员个人数字存档行为影响因素模型。提出假设,对包括在校硕博研究生、高等院校教师、研究院所和企事业单位的工作人员等科研人员发放问卷。将收回的问卷数据导入 SmartPLS 软件,利用偏最小二乘(PLS)和结构方程建模(SEM)方法对研究模型和假设进行检验。

第 7 章是科研人员个人数字存档行为影响因素感知差异。本章基于样本个体特征对性别、年龄、正在攻读或已获得的最高学位、所在学科领域、职称和就职单位六个方面的样本特征采用方差分析方法进行检验,分析不同样本特征对于科研人员个人数字存档行为影响因素变量之间的感知差异。

第 8 章是研究结论、启示、不足和展望。

1.5　研究方法与创新

1.5.1　研究方法

（1）文献调研法

对与本书相关的国内外文献进行全面检索和研读,通过系统性地梳理和分析充分吸收既有研究成果,为本书研究的理论提出、论述展开和深入探讨提供充分的文献理论支撑,为实证研究部分提供相应论据。

（2）半结构化访谈法

半结构化访谈是质的研究中常用的一种访谈方式,在涵盖主题提纲的基础上,引导受访者在自然情境下对访谈中的问题进行解释与反馈。与严格规定程序的结构式访谈相比,为研究人员提供了随机应变的空间,开放性的访谈过程能够提供更多、更深入的信息。兼顾了在不同工作单位的科研人员及其因性别、年龄与学科造成的差异性,本书选取武汉大学硕博在读研究生;南昌大学、云南大学、郑州大学、安徽大学和景德镇陶瓷大学的教师;清华大学合肥公共安全研究院研究员;云南大学图书馆、景德镇陶瓷大学图书馆馆员;安徽省国家电网工程师、宁德时代新能源科技有限公司电芯工程师等共 25 名具有个人数字存档经验的科研人员进行面对面的半结构访谈,访谈时间为 30～60 分钟,在参与者允许的情况下对访谈过程录音并转化为文本文件。

（3）扎根理论方法

通过扎根理论方法,对半结构化访谈的文本通过一级一级的资料编码过程,自下而上地归纳出事物本质的核心概念,分析概念间的各种关联,构建出原始理论。在研究开始之前研究人员不会提出任何理论假设,而是从原始材料中提取概念和范畴,一步步上升到理论层次。研究中,资料必须经过消化、整理、比较一整个编码分析过程,持续地比较,从中攫取主题、建立范畴。为探索科研人员个人数字存档行为影响因素的概念模型提供理论保障。

（4）结构方程建模

根据已有的成熟理论和相关文献构建科研人员个人数字存档行为影响因素概念模型。通过开放测量量表,设计调查问卷,对科研人员的个人数字存档行为进行调查,通过电子和纸质的形式广泛搜集具有代表性的数据。在调查问卷回收完毕后,通过对回收数据的统计分析,验证研究所提出的概念模型和假设关系。个人数字存档行为以及相关的前因结构变量多是抽象、难以测量的潜在变量,结构方程模型可以同时处理测量模型与结构模型以检验潜在变量之间的因果关系,在测量模型通过信度、效度检测后,通过检验结构模型的统计意义是否显著来确定关键因子和结果变量之间因果、中介和调节等效果。

（5）其他统计学方法

通过独立样本 t 检验、单因素方差分析与 LSD 两两检验方法,对具有不同样本特征的科研人员个人数字存档行为及其影响因素的感知差异性进行检验,探究科研人员个人数字存档行为中个体感知差异性的存在。

1.5.2 研究创新

本书的创新点主要在以下三个方面:

（1）构建了科研人员个人数字存档行为影响因素扎根理论模型

目前,针对科研人员个人数字存档行为的研究,国内档案界尚少涉及,缺乏深入讨论,既有研究集中于理论层面,研究对象多以在校大学生群体为主。本研究以较少涉及的科研人员为研究对象,通过扎根理论方法对科研人员开展半结构化访谈,通过三级编码过程抽取了 128 个概念、28 个范畴及 8 个主范畴,提炼出由个体、任务、技术和对象四个视角构成的科研人员个人数字存档行为影响因素扎根理论模型。并且,与过去基于档案管理实践与理论探讨论述档案价值不同,本书创新性地借助半结构化访谈法挖掘了个人数字档案所具有的参考、凭证和情感等三个维度的价值。

(2)揭示了科研人员个人数字存档行为的关键影响因子

本书基于扎根理论研究的结果,结合档案双元价值理论与相关文献,对科研人员个人数字存档行为的影响因素进行了进一步探讨和假设,面向教师、学生及科研院所工作人员等科研人员发放问卷,并利用结构方程建模方法对研究模型和假设进行检验。实证研究结果发现,个人数字存档素养、先前经验、个人习惯、主动性人格、任务复杂性、感知风险、感知易用性、感知有用性、技术环境的改变与感知价值对科研人员个人数字存档行为有显著影响。其中,个人数字存档素养较好地体现在个人数字存档意识、能力和知识三方面;感知价值较好地体现在感知参考价值、感知凭证价值和感知情感价值三个方面。所有影响因素中,感知价值对科研人员个人数字存档的影响最为显著。

(3)确定了科研人员个人数字存档行为中个体感知差异性的存在

本书对具有不同样本特征的科研人员的问卷使用方差分析方法进行了检验。结果表明,科研人员性别、年龄、正在攻读或已获得的最高学位、所在学科领域、职称和就职单位等个体差异不同程度地影响他们个人数字存档行为中对各变量感知。本书确定了科研人员个人数字存档行为中个体感知差异性的存在,有针对性地解决他们在个人数字存档过程中遇到的一些问题,从而帮助科研人员更好地完成个人数字存档行为,进一步提高科研效率。

2　理论基础

记录是留存记忆、传承文化的必要途径，个人存档的活动自古以来就存在。进入数字时代，个人档案数字化程度提升，个人数字存档活动也愈加普遍。科研人员个人数字存档属于个人存档的一个类型，它有着与个人存档乃至档案管理共通的一些基本特征；同时，相对于传统的基于机构业务规则的档案文件管理，它更体现了个人的主体特征和价值取向。本章将重点分析个人数字存档及相关活动方面的已有理论方法，阐释其对本研究的指导意义，为后面开展理论建模和实证研究奠定基础。这些理论具体包括：档案后保管理论、文件连续体理论和档案双元价值理论。

2.1　档案后保管理论

2.1.1　档案后保管理论的起源与内涵

档案后保管概念起源于后现代主义思想对档案界的渗透，在电子文件喷薄式增长的背景下，国际档案界对"后保管"理念开始了持续不断的争论。这一概念在我国档案界被深入理解与广泛传播，最早可以追溯至 Cook 在第十三届国际档案大会上所作的报告，该报告对档案后保管理论进行了全面诠释。①

后现代主义产生于 20 世纪 40 年代，盛行于 80 年代之后。法国哲学家 Lyo-tard 定义后现代主义为"对元叙事的怀疑"。信息技术的高速发展使得越来越多不同的叙事方式与声音出现，各种多样化的叙事方式加剧了后现代主义思想对各学科领域的渗透和影响。虽然在 20 世纪 80 年代中后期便已经开始盛行，

---

① 冯惠玲,加小双.档案后保管理论的演进与核心思想[J].档案学通讯,2019(4):4-12.

但第一本描述后现代主义历史叙事的学术著作 *The Idea of Postmodern：A History* 在 1995 年才正式问世。后现代主义一词因为其极为丰富的内涵引发了大量的争议，对它的定义特点和内涵至今也未有一个统一的广泛共识。虽然难以被定义，但它所蕴含的批判精神与结构主义思想内涵已经被愈来愈多的人接受。其批判精神体现在对世界多元化和人类活动多样性的倡导，强调"去中心化"；而其结构主义体现在对社会进程与社会权力之间关系的剖析上，试图开辟新的认知与理论。但是，也正是因为后现代主义含义的不清晰，导致了许多批判的声音始终存在。批判者认为后现代主义充满了矛盾与反讽甚至故意摧毁理性主义逻辑。

尽管后现代主义自出现以来始终饱受争议，但却不可否定其传播的广泛性。事实上，后现代主义思想已经不知不觉渗透进了各个学科之中，包括档案学界。由于当时在北美与欧洲，后现代主义已广泛渗透进社会文化的各行各业，几乎所有档案学者和工作者在进入档案界之前都接受了人文社科的熏陶，他们不可避免地受到后现代主义潜移默化的影响。同时，一些后现代主义作者也开始将研究焦点转向档案，其中最具代表性的成果就是后现代主义西方哲学大师 Derrida 的专著 *Archive Fever—A Freudian Impression*①，Derrida 在这本专著中提出"档案化"（Archivization）一词，并明确阐释了档案化与档案的内涵。他认为，档案是用来帮助记忆的（The Archive is Hypomnesic）②，并创造出 "hypomnema"（助忆物）一词用以指代档案化成果。Derrida 对档案的论述改变了社会公众对档案概念的固有认知，将档案现象拉入后现代主义大潮中，并加以重新审视。这无疑为越来越多样的文化背景、档案理论与实践的转型与技术化普及的来势汹汹找到了全新的视角，推动着档案理论与实践的重塑。③

20 世纪 70 年代中期美国档案学者 Ham 首次提出了"后保管"概念，他指出档案工作是由社会记录、利用、存储信息的方式所决定的，而信息革命正在将我们推向档案历史的新时代即后保管时代。在保管时代，文件形成、存储和检索

---

① Derrida J, Prenowitz E. Archive Fever：A Freudian Impression[J]. Diacritics, 1995, 25(2)：9-63.

② 何嘉苏, 马小敏. 德里达档案化思想研究之二——档案外部性及其由来[J]. 档案学通讯, 2017 (5)：25-30.

③ 闫静, 徐拥军. 后现代档案思想对我国档案理论与实践发展的启示——基于特里·库克档案思想的剖析[J]. 档案学研究(5)：6-12.

的方式比较简单,档案工作者仅仅能够看到保管材料的唯一性和保管职能,在决定档案命运方面扮演着被动的角色。而在后保管时代,档案馆主要需要做的档案规划的增加与档案馆藏的分散。后保管时代以分布式计算机环境为背景,每个人都可以成为自己的文件管理者。饱受盛誉的后现代档案思想家 Cook 对西方档案学的观念和战略变化进行了论述,将其归结为四个范式:证据、记忆、认同和社会/社区。数字时代公民开始借助各类具有潜在但感性的数字媒体记录个人生活的足迹,他们拥有了新的力量与声音。而档案工作者也正在从被动地守护"自然"的档案遗存证据转向了"积极的档案塑造者",开始有意识地构建公共记忆。证据和记忆就这样成了档案这枚硬币的正反面,彼此之间充满着矛盾与张力却又互相不可或缺,共同存在不能够分离。Cook 认为没有背景丰富、上下文清晰可见的可靠证据,记忆不免虚假失真,成为随意之念或者无端的想象和虚构。① 这种对文件背景信息和有机联系的关注也正是后保管理论思想核心所在。

2005 年,美国档案工作者协会出版的《档案与文件术语手册》中将"档案后保管理论"(Postcustodial Theory of Archives)词条定义为"后保管理论强调档案工作者不再物理性接收和保管文件,他们对保存在文件生成者手中的文件进行管理性监督,后保管主义促进了档案工作者从集中保管非现行文件的保管者角色向文件经理角色转变"②。后保管理论认为应当积极进行全面的社会记忆构建和身份认同塑造。所有边缘族群例如少数族群、亚文化圈等群体他们的声音也同样值得被记录。公民档案人、社交媒体档案和网络归档对个体记忆与群体记忆的构建成为正在逐渐兴起和得到广泛应用的档案实践,这些档案实践与后现代主义"去中心化"的思想相吻合,也与 Cook 所称的构建"记忆宫殿"相得益彰。③ 后保管理论在不断地补充中得到完善,而文化遗产保护、社区建档、个人建档等实践案例越来越多地出现都是对理论验证的实践证明,它为数字时代档案实践与理论的发展注入了强大活力。

---

① 特里·库克,李音.四个范式:欧洲档案学的观念和战略的变化——1840 年以来西方档案观念与战略的变化[J].档案学研究,2011(3):81-87.

② 冯惠玲,加小双.档案后保管理论的演进与核心思想[J].档案学通讯,2019(4):4-12.

③ 闫静,徐拥军.后现代档案思想对我国档案理论与实践发展的启示——基于特里·库克档案思想的剖析[J].档案学研究(5):6-12.

2.1.2 档案后保管理论对个人数字存档的启示

正如 Ham 所言,后保管理论所倡导的是在信息时代,每个人都可以成为自己的文件管理者。档案后保管理论对个人数字存档行为具有十分重要的指导意义。虽然人们早就认可了"archive"(档案)这样一个专有名词,但对于用来描述与档案相关人类行为的概念却被人类忽视了。Derrida 认为存档行为(archiving)指的是人类将信息以及人类记忆存储于有形载体上的记录行为,而人类社会信息载录技术和相关工具发展的速度决定了 archiving 的程度。何嘉苏教授在与加拿大曼尼托巴大学 Naismith 教授沟通的基础上对存档行为相关的三个词汇 archiving、archivization 以及更晚出现的 archivalisation 进行了研究,他认为仅仅是只需要保存极短时间甚至是一瞬间的文件也被认为属于"archiving"的对象范围。①② Derrida 认为档案必须是外在与人脑之外的物体,必须存在于有形载体中,"如果没有置放的位置,没有信息载录技术,没有一定的外部性,就没有档案,档案都具有外部性"③。而要将这些信息或者人类记忆有效地记录下来就需要使用到一些技术工具或者信息载录技术,这也就是 Derrida 所说的技术结构。何嘉苏教授认为,archiving 不仅仅是对文件整个形成过程的描述,更是一种思想范式,是人们在面对是否要将某种信息记录于有形载体中的一种有意识或者无意识的选择。④ 这种选择包括两个方面:其一是 Derrida 所言对信息载录技术和工具的选择;其二是荷兰学者 Ketelaar 指出的由于外部社会文化因素影响而做出的选择。Ketelaar 提出了前档案化(Archivalisation)概念,指的是个体在进行存档行为的前期,考虑是否要进行或者说值得进行 Archiving(存档行为)时,有意识或者无意识取决于社会和文化因素的选择。⑤

Cook 认为"真正的文件结构文件在于居民信息和叙事的习俗等这些其背

---

① 何嘉苏.文件群体运动与文件管理档案化——"文件运动模型"再思考兼答章燕华同志之二[J].档案学通讯,2007(4):32-35.

② 何嘉苏,史习人.对电子文件必须强调档案化管理而非归档管理[J].档案学通讯,2005(3):11-14.

③ Derrida J, Prenowitz E. Archive Fever: A Freudian Impression[J]. Diacritics, 1995, 25(2):9-63.

④ 何嘉苏,马小敏.后保管时代档案学基础理论研究之四——档案化问题研究[J].档案学研究,2016(3):4-11.

⑤ Ketelaar E. Archivalisation and Archiving[J]. Archives & Manuscripts, 1999:67-72.

后的背景,背景比内容本身更为重要"。① 后现代主义强调的是形成文件的符号构造背景,所以,Archiving 不应仅仅是对"对事件的记录",也同样应该关注"事件"发生过程并对其背景信息进行记录与阐释。也就是说 contextualization(背景化)应该属于存档行为(Archiving)的重要一步。值得强调的是,存档行为或者过程并不是仅仅止步于"文件的形成"和同时进行的"背景化",在文件形成之后,存档行为和过程仍在继续。文件形成后对文件内含知识或者信息的"创建"(Authoring)仍然在继续。任何文件光是依靠文件本身都无法传达其最全面完整的信息,需要依靠档案人员在这个过程中不断地对其背景信息进行诠释,对传统意义上容易被忽略的背景信息的著录问题提高重视,这是一个动态的记录过程。所以,整个存档行为事实上是一个连续和完整的过程,包括了文件的形成及后续整个档案管理过程。

后保管理论为电子文件的前端控制和全程干预奠定了坚实的理论基础,也为我们更深层次地理解个人数字存档对象的内涵,研究个人数字存档行为并探究其行为动机和前置动因提供了启发思路和具体要求。第一,现代社会中信息技术的发展促进了数字档案文件的增长,从其根本上分析,则是人们发声渠道的增多,叙事方式日渐多样化。形成并保存记录,成为个人表达自我观点、构建身份认同、构筑社会记忆的重要途径,它有着同传统的官方档案不同的价值维度,这些维度显然是传统的理论分析不足以完全概括的。第二,数字档案与个人数字存档有着档案形成者与保管者鲜明的主体特征,而这对于档案的生成及后续的收集、保存均产生重要的影响,自然需要加强对档案生成者和存档人的研究。第三,后保管理论要求加强档案的全程管理,因而,不仅要重视数字档案的信息完整性、安全性,还要重视数字档案形成的过程以及背景信息的保全、对科研人员个人数字存档行为规律的掌握,以为档案机构、个人数字存档服务供应商的应对数字时代转型提供支持。

---

① Cook T. Archival Science and Postmodernism: New Formulations for Old Concepts[J]. Archival Science, 2001, 1(1):3-24.

2.2 文件连续体理论

2.2.1 文件连续体理论的起源

文件连续体理论(Records Continuum Theory)于 20 世纪 50 年代萌生于澳大利亚,它为奠定澳大利亚后现代档案学"领头羊"地位作出了巨大贡献。由于澳大利亚信息化的时间比较早,该国学者较早便开始探究传统档案学理论与档案实践新环境之间的关联,从而产生了许多新的思想,文件连续体理论便是其中最具有代表性的理论之一。这一理论的发展历经了半个多世纪,最早可追溯到 1922 年 Jenkinson 的《档案管理手册》中关于档案定义的讨论。Jenkinson 在手册中提到,部分档案在经历了长达一个世纪的闲置后被重新拿出供公众利用的情况十分常见。Jenkinson 这番讨论被认为是对文件连续体理论最早的思考。[①]

而文件连续体理论真正的萌芽期,则是 20 世纪 50 年代,面对急剧增长的文件量,澳大利亚联邦图书馆的 White 发起了"文件缩减运动",对政府积压的大量文件进行鉴定和处理,清除掉了大量废弃的文件。时任澳大利亚联邦档案馆馆长 Maclean 提出,"文件管理者才是真正的档案管理者,档案学应该朝着对记录信息特色、文件保管系统和分类过程方面的研究发展"。Maclean 深受 Jenkinson 思想的影响,他的观点在当时引发了人们对档案管理与文件管理相关问题的思考。他提出澳大利亚需要从欧洲的档案管理体系向文件管理"连续体"体系转变,这个阶段可以视为文件连续体思想真正的萌芽期。在这个阶段,"连续体"这一术语开始进入大众视野,大家开始对档案管理和文件管理之间的关系进行进一步的思考,就如 Maclean 所言,现在澳大利亚正在从传统英国和欧洲档案机构的"文化导向"转为既强调行政效率也强调文化成品的安全保存,转变成现在的"文件连续体"。[②] 然而,当时远未形成具有完整体系的理论框架,还不能称为"文件连续体理论",此时或可称之为"文件连续体意识"。

在 Maclean 思想的影响下,20 世纪 60 年代澳大利亚联邦档案馆工作人员

① 王玉珏,宋香蕾,润诗,等. 基于文件连续体理论模型的"第五维度理论"[J]. 档案学通讯,2018(1):24-29.

② Maclean I. Australian Experience in Record and Archives Management[J]. American Archivist, 1959, 22(4):387-418.

Scott 提出了联邦文件系列体系(Commonwealth Records Series System,简称 CRS 体系)思想①,这被 Upward 誉为文件连续体理论的基石。Scott 也被 Cook 称为档案思想界后保管革命的奠基人,他认为这一体系是对"来源"最有力的重新解释。CRS 体系的诞生是由于在之前,澳大利亚效仿美国采用"文件组合"管理思想(类似我国的全宗),采用"文件组合(Record Group)—文件系列(Records Series)—文件(Items)"的三级分类体系,这种方式面对政府部门增加和组织结构的变动,已经明显完全不再适用。所以,Scott 提出,实体分类无法解决机构频繁变动带来的文件管理混乱问题,如何展示文件与文件之间的联系、文件与形成背景之间的联系以及文件与机构变动前后之间的联系才是我们最需要做的。因此,Scott 使用"文件系列—文件"这样的分类体系取代了之前的"文件组合"。在新分类体系下,实体文件仍按照原始形成的顺序放在档案库房中,而文件之间重要的逻辑关系则通过文件系列记录下来。文件系列反映出了文件和它多样形成背景之间的复杂关系,不再像过去,文件与机构之间一对一的关系,也不用按照原始的形成顺序进行保存,因此就不会再受到组织机构变化的影响。②

　　1964 年,CRS 体系开始正式应用于联邦政府档案局。CRS 体系弱化了档案物理实体的分类,强调文件与文件、文件与背景之间的逻辑关系。在该体系中,大量描述性元素用以描述文件与文件形成机构之间的多重关联。具体 CRS 体系如图 2-1③ 所示。

---

　　①　Peter Scott. The Record Group Concept:A Case for Abandonment[J]. American Archivist, 1966, 29(4):493-504.

　　②　Peter Scott. The Record Group Concept:A Case for Abandonment[J]. American Archivist, 1966, 29(4):493-504.

　　③　吕文婷. 文件连续体理论的澳大利亚本土实践溯源[J]. 档案学通讯,2019(3):12-19.

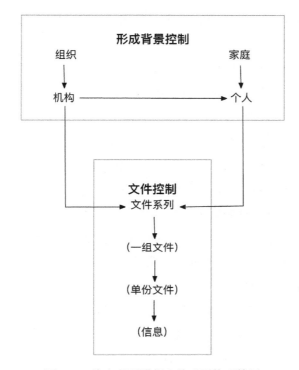

图 2-1 澳大利亚联邦文件系列体系简图

上图中,"形成背景控制"为档案工作者整理和著录档案提供了新的视角,利用者们也能够更好地理解文件的内容,从而可以拥有更加多样化的检索途径。"文件控制"指的是记录文件形成、保存、利用及被维护的整个过程。整个管理过程中,所有的元素都跨过时间的限制相互关联起来。文件形成后,与这个文件相关的所有最初的以及后面的信息全部都不受机构变化、文件内容以及文件格式变化的干扰,这些信息全部被著录且相互关联,形成一个完整丰富的背景网络,包括文件与其他文件系列的关联,以及文件与产生和控制它的所有形成者的关联。CRS 体系会一直处于变化之中,行政部门在结构和功能上不再单一,与文件也不再是一对一的固定关系,而是处于动态状况。也可以说,文件系列的力量来自背景的力量。Scott 也曾表示,我们作为档案工作者,理应将"尊重全宗"视为我们工作的核心原则。这也表现出,他对背景的理解,以及对维持背景之间关联的重要性。而文件与它的背景之间的关联在不断地相互作用与变化,因此,文件连续体理论能够不断发展,正是倚赖 CRS 体系这种全面、灵活且动态的著录框架。

20 世纪下半叶,由于电子文件的出现,过去纸质文件时代的一些管理技术与方法不再适用。而澳大利亚不断发展的 CRS 体系与电子文件管理需求不谋而合,因此在当时颇具活力。在澳大利亚制定的一系列电子文件管理政策和战略及标准中,人们开始意识到,电子文件中所涉及的技术与管理问题在文件创建的那一刻起便存在了,因此,档案管理必须前移至文件形成阶段。在这场文件管理思维方式的变革中,电子文件的形成机构、国家档案机构、个人和组织都在努力促进电子文件管理制度进一步完善。

20 世纪 60 年代,由于各种民权运动、家庭暴力等社会问题的出现,个人和社群档案的作用便逐渐凸显,早期被忽略的诸如社群及个人档案的收集与管理开始被重视起来。① 虽然政府文书范围以外的文档管理直到 20 世纪 90 年代才开始兴起,但是多元主体参与的文件管理思想也在此后成为文件连续体理论的重要组成部分之一,对于社会记忆建构及推动社会民主发展具有重要作用。

20 世纪 90 年代后期,文件连续体理论正式诞生。②③ 得益于此前如 McKemmish、Iacovino、Flynn 等一系列学者的研究,澳大利亚蒙纳士大学档案学者 Upward 综合前人研究成果,对文件连续体管理模型(Records Continuum Model)进行了深层次的改造,并标榜其为"可以指导网络时代的文件管理实践理论"。

2.2.2　文件连续体理论模型

Upward 文件连续体理论模型的建立深受后现代主义思想的影响,著名哲学家、社会学家 Giddens 提出的社会结构化理论为文件连续体理论模型的建立贡献了智慧基础。在最初版本的模型中,每一个轴都使用一条直线表示,Upward 为了避免造成误解后将其进行了一定的修改完善,强调每个轴都是分开的,轴上的坐标是完全不在一起的。文件连续体理论模型的最新版本如图 2-2④

---

① 连志英. 一种新范式:文件连续体理论的发展及应用[J]. 档案学研究,2018(1):14-21.

② Upward F. Structuring the Records Continuum Part One: Postcustodial Principles and Properties[J]. Archives and Manscripts,1996,24(2):268-285.

③ Upward F. Structuring the Records Continuum Part Two: Structuration Theory and Recordkeeping [J]. Archives and Manscripts,1997,25(1):10-35.

④ 连志英. 一种新范式:文件连续体理论的发展及应用[J]. 档案学研究,2018(1):14-21.

所示。

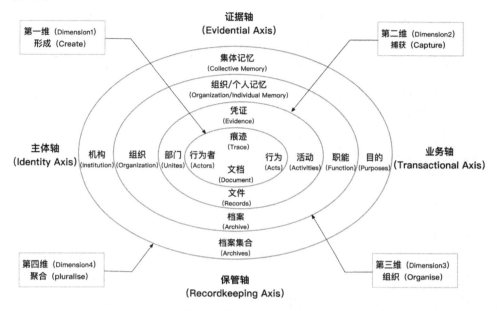

图2-2　文件连续体理论模型（Records Continuum Model）

从图2-2中可以看出,文件连续体理论模型由4个轴、4个维度和16个坐标组成。模型中的4个轴分别是:主体轴、证据轴、业务轴和保管轴。主体轴代表的是文件保管中的行为主体,包括机构、组织、部门和行为者。证据轴包括痕迹、凭证、组织/个人记忆和集体记忆。业务轴包括行为、活动、职能和目的。保管轴包括文档、文件、档案和档案集合。这4个轴代表的是在文件管理中4个重要的主题,同时构建了由小到大、由内到外、由微观到宏观的四个圆,也就是文件的形成层、捕获层、组织层和聚合层。这四个层作为时空运行环境表现出多元素、多维度的时空运动关系。

模型中的4个维度展示了文件运行的时空环境。

第一维度——形成:描述了文件运动的最小单元,是形成者个人在从事业务过程中所形成的单份文件的行为痕迹。

第二维度——捕获:业务部门业务活动的证据由每个行动者在业务活动中形成,归档形成文件组合。业务部门这一维度的主体,形成的是他们业务活动的证据。对于个人而言,就是他们在社会活动中所形成的证据,是对他们所有社会活动的捕获。

第三维度——组织:组织机构内各业务部分对文件组合开展整理、编目保存等工作,使其组织起来,成为一个共同的组织记忆。这个组织记忆反映出整个组织机构的职能。对于个人而言,所有个人活动中的证据加以组织就形成了个人记忆,反映出了个人在社会中的角色。

第四维度——聚合:社会层面各个组织机构和所有形成者的档案聚合在一起,就成为集体记忆。它所反映的是社会层面的文件和它的行为规律,这些档案集合能够反映一个社会制度的概况和目的等,保存和记录是人类社会的集体记忆。

值得说明的是,这四个维度实际上作为一个整体存在着,并不是层次分明的,"维度"并不是一个界限,而且这个模型中的坐标也是动态可变化的。Mckmmish也曾经指出,文件连续体模型中的第一维度和第二维度关注行为的痕迹,第三维度关注机构记忆的形成和提供获取,第四维度关注的则是集体记忆的构成。第一维度根据第三四维度制定的标准和规范来开展。①

模型中的维度充分体现出了时空的延伸性。自内向外看,文件连续模型像一块石头扔进水里(基于行为产生的文档),在水面上涟漪般向外扩张。在第一维度中文件处于形成的过程中,基于行为产生了文档,在此时文档之间并无关联,该维度可以视为从文件形成的背景中延伸的开始。到了第二维度,相关的文档被关联起来,同时相关的一些信息被添加进来形成了"文件"。文件从它形成背景中脱离出来,从它的形成时间和空间中开始延伸。第三维度中,文件可以与同在一个组织机构中所有的其他文件一起成为机构记忆或个人记忆,文件此时跨越了更加广阔的时空限制有了更加充分的延伸,同时组织机构也具有对文件更大的可获取性。而后在第四维度中,文件进入了进一步更深层次的延伸,它脱离组织机构而存在,能够满足更加多元化的需求。所以从内向外看,文件连续体模型表示的是文件从它最初形成时间与空间中向外延伸的过程。而从外向内看,最外层第四维度作为集体记忆组成部分的文件也有可能向内回溯到文件的形成、捕获和组织阶段。

---

① Mckemmish S. Placing Records Continuum Theory and Practice[J]. Archival Science, 2001, 1(4): 333-359.

作为一个整体的四个维度,进一步体现出了文件的保存并不是由一个文件管理员分阶段管理的,而是由专门的文件保管员与相关人员共同完成保存工作。事实上,社会中每一个主体都是文件保存者。

2.2.3　文件连续体理论对个人数字存档的指导

社会活动中一切行为的痕迹留存都是构建社会记忆的要素,文件连续体理论在不断地传播与发展中,促使我们开始重新思考档案的内涵与外延,倡导文件保管和归档是一种见证历史的形式。

为了实现对社会记忆的建构,档案学者提出了"参与式档案馆"与"档案自治"等概念。其中,"档案自治"是指基于身份、记忆及问责的目的,个人及社群成为参与文件管理与归档的能动主体,开始参与到社会记忆的构建中。① 同时,对档案的多元来源主体以及共同形成者的探讨也愈来愈多。正如 Cook 所言,身处互联互通环境中的我们,需要更多地运用一些新的档案思维,让我们可以更好地进行自我归档,将我们的专业带向更美好的未来。

文件连续体理论旨在建立一个更加可靠的文件保存体系,覆盖和留存包括组织机构和个人在内的全社会的文件。这一点上,它与后现代档案保管思想具有一致性,二者的最终目标都关注社会记忆的全面建构和身份认同的塑造。现代社会日益丰富的社群档案、草根档案、个人档案实践表明,档案后保管思想从文件连续体思想中汲取精华,而后又反哺文件连续体理论的成型,它们之间存在着深层次的契合。② 多元主体参与的文件管理思想,也同样是文件连续体理论的重要组成部分之一。它主张多元主体参与,强调组织范围之外的文件形成者和其文件,对于社会记忆建构及推动社会民主发展所具有的作用。所有公民都应该普遍地参与到对社会记忆的建构中,人人都应该成为"档案工作者",积极进行家庭建档和个人存档。因此,个人存档将是我国未来创建多元多重社会记忆档案体系的重要方式之一,文件连续体理论为本书研究科研人员个人数字存档行为奠定了坚实的理论基础。

---

① Evans J, McKemmish S, Elizabeth D, et al. Self-determination and Archival Autonomy: Advocating Activism[J]. Archival Science, 2015(4):337-368.

② 冯惠玲,加小双. 档案后保管理论的演进与核心思想[J]. 档案学通讯,2019(4):4-12.

2.3 档案双元价值理论

2.3.1 档案双元价值理论的起源与内涵

档案双元价值理论由我国档案学者湖北大学的覃兆刿教授最早提出,[①]随后任越、聂云霞等学者发表一系列文章对该理论进行了进一步的论述,丰富了其理论内涵。

档案双元价值观的形成,是从对档案词源的考察开始。覃兆刿教授从语言学与训诂学的角度对档案词源进行考察,发现了在中国古代社会中档案的工具价值。古代对档案的崇拜,使得档案所具有的历史与文化价值被埋没无法得到发挥,此时的社会公众对档案普遍抱有一元价值观。而到了近现代,过去的一元价值观开始发生松动,朝着双元价值的方向发展。档案对文化的传承作用开始凸显,并开始超出过去它所具有的工具价值。[②] 档案从工具价值向历史文化价值的发展是社会文化发展的必然结果,同样也是档案事业开始被公众接受并独立发展的动力之源。

出于对档案价值的再审视,档案双元价值观应运而生。过去档案学对档案价值的观点主要分为三种。(1)认为档案的价值主要是体现在档案自身的属性,是档案自身内在与固有的,也称为"客体价值说"或"内在价值说",将档案价值看作一种档案属性。(2)认为档案的价值是由档案的利用者,与档案利用者的需求所决定的。档案利用者的需求越大,档案价值越大。这种观点也称为"利用决定论"。(3)认为档案与档案利用者之间存在某种关联构成了档案价值,是档案利用者感知档案的存在、属性和变化是否满足他们需求的程度。这种观点被称为"关系价值说"。[③] 这三种说法,都有它们的合理性,但是也存在一定的不足。覃兆刿教授从它们的工具价值与信息价值来认识档案价值,即从档案本体与档案价值实现两个视角将过去传统的档案价值放大到整个社会实践过程中进行理解。

---

① 覃兆刿. 双元价值观的视野:中国档案事业的传统与现代化[M].北京:中国档案出版社,2003.

② 覃兆刿. 从一元价值观到双元价值观——近代档案价值观的形成及其影响[J]. 档案学研究,2003(2):10-14.

③ 覃兆刿,范磊,付正刚,等. 椭圆现象:关于档案价值实现的一个发现[J]. 档案学研究,2009(5):3-6.

档案双元价值从"观点"向"理论"的转型,是以其理论内涵开始逐渐完善为主要依据。[①] 覃兆刿教授从更加宏观的角度探讨了档案的工具内涵与社会意义,认为档案双元价值是寻求档案价值之中各因素的平衡稳定,档案所具有的工具和信息价值也将它与图书、情报、文物区分开来。档案的工具价值保证了档案内容的真实性,而它的信息价值则表现出十分强烈的社会属性,是档案内容和文化价值的集中体现。[②] 档案记录内容是人类实践活动中形成或发生的事实,带有强烈的实践特征。也正是因为档案所具有的实践特征它才能够被当时的统治阶层所信任并在管理活动中广泛使用。档案由信息价值所升华形成的文化价值,让档案成为一种文化象征。任越从信息哲学的角度对档案双元价值进行了思考,他认为,档案的信息暗含于载体之中,并通过利用者内化为知识。档案是信息记忆的主要载体,故必然会包含信息的双元价值。档案的工具价值是它的本质价值,反映了档案实体的价值。[③] 前者来源于行为方式,后者源于档案价值形成机制。因此,只具有工具价值的档案是不存在的,同样只具有信息价值的档案也是不存在的,档案价值是本体与现实的统一,无法割裂开讨论。

需要特别说明的是,双元价值与谢伦伯格所提出的双重价值论拥有完全不同的内涵。双重价值论认为,文件之所以可以成为档案是为了达到某种特定目的,这为档案的原始价值(第一价值)。而文件除了达到目的之外,还拥有其他的价值,其他价值就是它的从属价值(第二价值)。双重价值论是将档案实体作为理论的研究对象,文件与档案的价值体现生命周期中的不同运动阶段。双元价值论是置于档案社会效用中,在肯定了档案来源的价值基础上,更加强调档案作为行为方式在机构与社会实践中的价值。

2.3.2 档案双元价值理论视阈中个人档案价值剖析

个人档案是个人社会生活轨迹的记录,在信息文化背景中,它是个人文化积累影响社会整体文化的潜在动力。依据前文对档案双元价值理论的分析,个人档案的出现,体现了人类对于自己生活更高精神层次的需求,印证了个人在

---

① 任越. 从观念到理论——档案双元价值论的演变轨迹研究[J]. 档案学研究,2012(1):30-34.

② 覃兆刿,范磊,付正刚,等.椭圆现象:关于档案价值实现的一个发现[J].档案学研究,2009(5):3-6.

③ 任越.档案双元价值观的信息哲学依据探寻——从理论信息学中信息产生和本质谈起[J].档案学研究,2009(2):6-10.

社会实践活动中主体地位的凸显。它既体现出了档案所具有的工具价值,因为个人档案是对个体生活学习和社会实践的记录,可以维护个人的记忆权利,塑造身份认同;又体现出了其信息价值,因为不同个体具有完全不同的个性,个人档案的生成与保存,促进了更多元的社会文化之间的融合。

档案双元价值理论指出了档案过去被视为统治阶级社会治理工具的认知误区。个人档案的出现,正是现代档案在公众眼中被视作信息记录载体的体现。个人档案是个体有意识地记录和保存自己社会实践活动的各种信息记录集合,对于其中一些材料的保存,显而易见,并不仅仅是因为它具有参考凭证作用,可用于日常生产生活的证明,也因为它承载了个人的记忆,因而可以满足个体内心对情感道德价值的诉求。另外,家庭及社会由个人组成,社会历史与文化也是由无数个个体的活动共同组建而来,个人档案对于社会文化的记录与传播,以及社会各民族文化的传承,都具有积极的作用。

事实上,目前许多学者对于档案价值的讨论,也都能够被纳入档案双元价值理论的视角中。丁海斌基于抽象程度的理解,认为人类的所有实践活动都与情感有关,档案所承载的事实都与情感相关,情感就是人对客观事物的态度体验。因此,档案作为感觉对象的经验还具有情感价值。[1] 王玉珏与张馨艺也发现在档案证据价值与信息价值之外,还隐藏着情感价值。[2] Cox 揭示了个人数字档案的查考利用价值、凭证价值和记忆保留价值。[3] Mckemmish 认为个人档案于个人而言能够帮助自己回忆过去,于公众可以为大家提供历史文化价值。[4] Nesmith 指出,个人数字档案产生于特定的社会环境,能够反映社会实践及社会关系并作为社会记忆的延续,它具有记忆保存和历史研究价值。[5] Williams 等人认为有关机构所保存的所有价值的个人数字档案,它们都能够为未来社会开

---

① 丁海斌. 论档案的价值与基本作用[J]. 档案,2012(4):10-13.

② 王玉珏,张馨艺. 档案情感价值的挖掘与开发研究[J]. 档案学通讯,2018(5):30-36.

③ Cox R J. Digital Curation and the Citizen Archivist[J]. Digital Curation:Practice, Promises Prospects,2009:102-109.

④ McKemmish S. Evidence of me[J]. Archives and Manuscripts,1996,24(1)28-45.

⑤ Nesmith T. The Concept of Societal Provenance and Records of Nineteenth-century Aboriginal-European Relations in Western Canada:Implications for Archival Theory and Practice[J]. Archival Science, 2006, 6(3-4):351-360.

展历史研究提供支持。①

　　档案双元价值理论和关于档案价值探讨的这些论述,为笔者进一步理解个人档案价值提供了思考,为本研究后期构建个人数字存档对象价值感知二阶模型奠定了坚实的理论基础。

　　①　Williams P, Rowlands I, Dean K, et al. Report of Interviews with the Creators of Personal Digital Collection[J]. Ariadne ,2008,27(55):142−147.

3 基于扎根理论的科研人员
个人数字存档行为影响因素分析

本章的主要目的是对科研人员个人数字存档行为的影响因素进行探测。目前,尽管已经有不少学者针对个人数字存档行为,开展过研究并且取得了一定的成果,但是却不能够完全解释科研人员个人数字存档行为的影响机制,关于此,尚需进一步全面系统的探索解答,也唯有填补此处的理论空白,方能在更深层面研究其行为规律,并提出相应的指导策略。大量研究①②③指出,对于那些现有理论解释力不足、理论发展不够完善或存在理论空白点的研究方向和领域,扎根理论是一种十分适用的研究方法。有鉴于此,并且充分考虑本研究的既定研究目标,本章将以扎根理论为指导,对科研人员个人数字存档行为的影响因素进行探测,并为后文构建科研人员个人数字存档行为影响因素扎根理论模型做好准备。

3.1 研究问题、方法及程序

3.1.1 研究问题

本章旨在探测科研人员个人数字存档行为的影响因素,围绕这一目标,拟通过扎根理论的方法具体解决如下问题:

---

① 朱馨叶,张小倩,李桂华.图书馆阅读推广活动激励机制研究——基于2018年国内图书馆"世界读书日"活动案例[J].大学图书馆学报,2019,37(4):71-78.

② 胡媛,艾文华,胡子祎,等.高校科研人员数据需求管理影响因素框架研究[J].中国图书馆学报,2019,45(4):104-121.

③ 刘鲁川,张冰倩,孙凯.基于扎根理论的社交媒体用户焦虑情绪研究[J].情报资料工作,2019,40(5):68-76.

（1）科研人员保存数字材料的动机与需求。具体指科研人员出于何种目的、在何种情况下保存数字材料。在这一活动中，他们是如何形成个人数字存档习惯。

（2）科研人员个人数字存档行为意愿。在现实情形中，哪些方面的因素会对科研人员个人数字存档意愿产生影响。

（3）科研人员进行个人数字存档时面临的主要困难。即科研人员在进行个人数字存档时所面临的哪些挑战和困难会影响到科研人员的个人数字存档行为。

（4）个人数字存档工具的使用。科研人员会更倾向于使用哪些方式和工具保存数字材料，个人数字存档工具所具备的哪些特性会影响科研人员的个人数字存档行为。

3.1.2　研究方法

科研人员个人数字存档行为影响因素的探讨涉及多个学科研究领域：从行为的视角来看，科研人员进行个人数字存档很显然是一种人的社会行为；从心理学的视角来看，科研人员个人数字存档的动机和影响因素与科研人员的心理活动相关，这无疑与心理学领域的研究内容有所交叉；从计算机科学视角看，个人数字存档行为涉及网络环境和信息技术，需要依靠个人数字存档工具作为支撑，因而这与计算机科学同样密切相关。在充分考虑这一问题复杂性后，本研究从社会科学研究的视角出发，利用半结构化访谈对科研人员进行访谈，并基于定性研究方法扎根理论对科研人员原始访谈文本进行系统地整理和分析，以探测影响科研人员进行个人数字存档行为的主要因素。

美国社会学家 Glaser 和 Strauss 在 1967 年于专著《扎根理论的探索：质性研究策略》中提出扎根理论（Grounded Theory），指出其是一种通过逐级编码分析建构理论的方法。因其研究流程的系统化和规范化，已被广泛应用于社会科学研究领域。例如，Fletcher 和 Sarkar 利用扎根理论详细探讨了心理韧性与最佳运动表现之间的关系。[①] Wang 和 Mattila 基于跨文化服务接触情境，通过扎根

---

① Fletcher D, Sarkar M. A Grounded Theory of Psychological Resilience in Olympic Champions [J]. Psychology of Sport and Exercise，2012，13(5)：669-678.

理论方法揭示了服务提供者所面临的挑战。[①] Papathanassis 和 Knolle 利用扎根理论方法揭示了采纳准备维度因素、内容维度因素和来源维度因素是消费者采纳和利用在线度假评论信息的三大维度影响因素。[②] Jia 等利用扎根理论方法揭示出了自我平衡、自我激励、尽责随和以及开放是高校毕业生招聘方所偏爱的 5 种人格特质。[③]

近年来,图书情报领域的学者也开始使用扎根理论研究方法展开了大量的研究。例如,Nguyen 利用扎根理论方法发现,社区、授权和体验是构建参与式图书馆的三大主要要素。[④] Lian 利用扎根理论方法发现数字档案资源整合主要受到三方面的影响,分别是外部环境、档案工作者的认知及组织机构的档案文化。[⑤] 王平和茹嘉祎利用扎根理论方法,发现图书馆的环境、资源和服务及用户的认知、能力和行为,是影响国内未成年人图书馆服务满意度的主要因素。[⑥] Miller 等利用扎根理论方法发现,授权、直觉、确认、连接、注意和影响是学科馆员对循证实践存在的六种体验方式。[⑦] 田进和张明垚针对频繁爆发的网络舆情,以"2015 年初出租车罢运事件"作为研究案例,通过扎根理论方法对网络数据抓取软件收集的"财经网"相关微博下的评论信息进行编码,研究发现,网络舆情的基本层次是网民情绪,网络舆情的生成由公共事件的相关新闻信息触发。[⑧] 胡媛等通过扎根理论探究在科研模式的变革下,高校科研人员数据需求管理的影响因素,得到 24 个子范畴和 8 个主范畴。并进一步归纳提炼出由用

① Wang C, Mattila A S. A Grounded Theory Model of Service Providers' Stress, Emotion, and Coping during Intercultural Service Encounters [J]. Managing Service Quality, 2010, 20(4): 328-342.

② Papathanassis A, Knolle F. Exploring the Adoption and Processing of Online Holiday Reviews: A Grounded Theory Approach [J]. Tourism Management, 2011, 32(2): 215-224.

③ Jia L J, Xu Y, Wu M J. Campus Job Suppliers' Preferred Personality Traits of Chinese Graduates: A Grounded Theory Investigation [J]. Social Behavior and Personality, 2014, 42(5): 769-781.

④ Nguyen L C. Establishing a Participatory Library Model: A Grounded Theory Study [J]. Journal of Academic Librarianship, 2015, 41(4): 475-487.

⑤ Lian Z Y. Factors Influencing the Integration of Digital Archival Resources: A Constructivist Grounded Theory Approach [J]. Archives and Manuscripts, 2016, 44(2): 86-102.

⑥ 王平, 茹嘉祎. 国内未成年人图书馆服务满意度影响因素——基于扎根理论的探索性研究[J]. 图书情报工作, 2015, 59(19): 41-46.

⑦ Miller F, Partridge H, Bruce C, et al. How Academic Librarians Experience Evidence-based Practice: A Grounded Theory Model [J]. Library and Information Science Research, 2017, 39(2): 124-130.

⑧ 田进, 张明垚. 棱镜折射: 网络舆情的生成逻辑与内容层次——基于"出租车罢运事件"的扎根理论分析[J]. 情报科学, 2019, 37(8): 38-43+55.

户、服务、情境和技术 4 项维度组成的数据需求管理影响因素的 USCT 模型分析框架,深入分析各项主范畴对数据需求管理的内在关联机制及作用关系。①

3.1.3　研究程序

扎根理论具有规范系统的研究流程,Pandit 将扎根理论的研究流程总结为研究设计、资料收集、资料整理、资料分析和文献比较五个阶段。② 笔者严格按照 Pandit 的五阶段扎根理论研究流程来对科研人员个人数字存档行为的影响因素进行探测和识别。在研究设计阶段,笔者收集相关文献、资料和经典案例,对大量数据进行深入分析,形成思路并设计好访谈大纲。资料收集阶段,通过半结构化访谈对需要的编码资料进行收集。资料分析阶段,对收集的资料进行编码分析,形成初始理论。然后,寻找不同样本资料之间存在的共同点,检查形成的初始理论与其他样本资料结果是否一致,对初始理论进一步修改完善,不断比较,直至样本中不再出现新的概念时即代表达到理论饱和。文献比较阶段,比较已有文献与构建好的理论之间是否存在冲突,并进一步进行补充和完善。具体过程如图 3-1 所示。

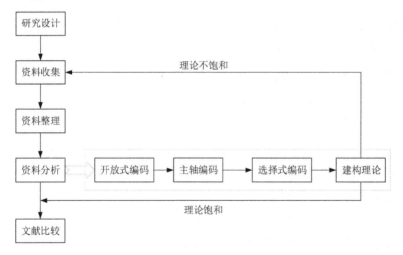

图 3-1　扎根理论研究流程

---

①　胡媛,艾文华,胡子祎,等. 高校科研人员数据需求管理影响因素框架研究[J]. 中国图书馆学报, 2019,45(4):104-121.

②　Pandit N R. The Creation of Theory:A Recent Application of The Grounded Theory Method [J]. The Qualitative Report, 1996, 2(4): 1-13.

3.2 研究设计

3.2.1 理论抽样

抽样是指根据研究主题的需要,从全部样本中,有针对性地抽取一部分代表性样本进行调查的过程。质性研究要求研究样本需要具有代表性和最大程度的信息量,对于样本规模大小没有硬性要求。扎根理论研究方法中所选择的抽样方式包括关系性和差异性抽样、开放式抽样和区别性抽样,统称为理论抽样。[①] 开放式抽样是研究者选择最适合研究主题的访谈对象进行访谈,最大限度搜集各方面的数据,从数据中挖掘相关概念与范畴,供后面构建理论使用;关系性和差异性抽样是研究者在访谈中期根据对访谈资料的编码情况,选择更有针对性的访谈对象;区别性抽样是指在构建好初始理论之后,研究者根据所构建的理论,选择访谈有助于完善和修正理论的访谈对象。这三个理论抽样方法虽然发生在整个研究者访谈的不同阶段,但是研究者可以根据实际情况对他们穿插着使用,并不局限于绝对的先后顺序。

访谈与分析在整个扎根理论的研究过程是处于相互促进且密不可分的状态中。[②] 在每一次访谈后,研究者都应该立即对访谈录音转成 word 文本,整理和分析后进行理论建构,接着通过理论抽样访谈,不断完善初始理论。不断重复这个过程,直到达到理论饱和。

3.2.2 样本选取

(1)访谈对象的筛选标准

本书研究主题为科研人员个人数字存档行为,编码资料的收集方式是通过半结构访谈,因此对访谈对象的选取十分关键。为了保证访谈资料的质量,访谈对象的选择需要符合以下三个标准:①必须是科研人员,指的是那些专门或主要从事学术研究并具备一定知识水平及科研能力的科研及科技人员,根据实际,他们具体包括高等院校中的教师、硕博在读研究生、科研院所的工作人员及企事业单位的科研工作人员等;②有进行个人数字存档的习惯且具有五年以上

---

① Strauss A, Corbin J, 徐宗国. 质性研究概论[M]. 台北:巨流图书公司印行, 2004:212.

② 柯平、张文亮、李西宁,等. 基于扎根理论的馆员对公共图书馆组织文化感知研究[J]. 中国图书馆学报, 2014, 40(3):39.

的存档经历;③思维活跃、性格开朗并且愿意与人交流和沟通的群体。访谈对象的数量,按照既有研究的成熟建议维持在 20~30 为宜。①②

（2）访谈对象基本情况

根据上述标准,最终选取了 25 名具有个人数字存档经验的科研人员进行"一对一"的半结构深度访谈。在选择受访者之前笔者进行了一个简单的网络调研,在网络中面向普通网民随机发放了 500 份问卷,调研结果显示拥有个人数字存档习惯的群体年龄普遍集中在 23~39 岁之间,占全部比例的 87.9%,从这个范围之间选取访谈对象,研究结果将更具有代表性。因此,笔者将受访者年龄区间细化,以 5~6 年作为一个分区,23~28 岁之间 9 人,29~34 岁之间 9人,35~39 岁之间 7 人,年龄分布均衡。为了使研究结果不受学科因素的影响,25 位受访者分别来自电气工程与自动化、食品科学与工程专业、环境工程、计算机科学与技术、大地测量与测量工程、档案学和情报学等十五个专业,学科分布均衡。男性 12 名,女性 13 名,性别分布均衡。考虑不同工作单位的科研人员可能存在的差异性,25 位受访者分别选择了:武汉大学硕博在读研究生,南昌大学、云南大学、景德镇陶瓷大学、郑州大学和安徽大学的教师,清华大学合肥公共安全研究院研究员,云南大学图书馆、景德镇陶瓷大学图书馆馆员,安徽省国家电网工程师、宁德时代新能源科技有限公司电芯工程师等,科研人员工作单位分布均衡。访谈对象的选择,兼顾了在不同工作单位工作的科研人员及性别、年龄与学科造成的差异性,访谈对象具有代表性与典型性。

整个访谈过程从 2019 年 9 月 2 日开始,到 2019 年 10 月 18 日结束。访谈方式主要有两种:面对面访谈与微信语音访谈。在访谈过程中,笔者都会在征询访谈对象同意的情况下使用手机进行录音,然后在访谈结束后将录音转成文本形式并进行整理。最终,形成了 25 份访谈文本。笔者选取前 20 份文本进行编码和模型建构,剩余的 5 份文本,在模型建构结束后用来进行理论饱和度检验。25 位访谈对象的基本信息见表 3-1。

①　Fassinger R E. Paradigms, Praxis, Problems, and Promise: Grounded Theory in Counseling Psychology Research [J]. Journal of Counseling Psychology, 2005, 52(2): 156-166.

②　赵斌, 陈玮, 李新建, 等. 基于计划行为理论的科技人员创新意愿影响因素模型构建[J]. 预测, 2013, 32(4): 58-63.

表 3-1　访谈对象基本信息

序号	性别	年龄	学历	职业	专业	访谈形式	访谈时长
R01	男	38	博士	企业职员	电气工程与自动化	面对面	36 分 34 秒
R02	女	36	博士	高校教师	档案学	面对面	37 分 23 秒
R03	女	28	博士在读	在校学生	情报学	微信语音	43 分 21 秒
R04	女	37	博士	高校教师	食品科学与工程	微信语音	47 分 33 秒
R05	男	38	博士	高校教师	测绘工程	微信语音	33 分 53 秒
R06	男	27	硕士	在校学生	情报学	面对面	48 分 11 秒
R07	女	27	博士在读	在校学生	情报学	微信语音	53 分 12 秒
R08	男	26	博士在读	在校学生	档案学	面对面	42 分 37 秒
R09	男	29	硕士	企业职员	环境工程	面对面	46 分 18 秒
R10	男	25	博士在读	在校学生	计算机科学与技术	面对面	53 分 44 秒
R11	女	34	硕士	高校教师	艺术设计	微信语音	38 分 25 秒
R12	女	37	硕士	事业单位	档案学	面对面	44 分 38 秒
R13	男	35	博士在读	在校学生	大地测量与测量工程	微信语音	51 分 25 秒
R14	女	28	博士在读	在校学生	档案学	面对面	37 分 58 秒
R15	女	25	硕士在读	在校学生	档案学	面对面	31 分 09 秒
R16	女	29	博士在读	在校学生	情报学	面对面	38 分 57 秒
R17	男	34	博士	企业职员	计算机科学与技术	微信语音	46 分 05 秒
R18	女	31	硕士	高校教师	国际关系	面对面	43 分 37 秒
R19	男	33	博士	企业职员	水利水电工程	微信语音	42 分 41 秒
R20	男	29	硕士	研究院	社会保障	微信语音	36 分 55 秒
R21	女	28	博士	高校教师	环境艺术设计	微信语音	49 分 21 秒
R22	男	28	博士在读	在校学生	情报学	面对面	45 分 34 秒
R23	男	32	博士	企业职员	化学	面对面	41 分 52 秒
R24	女	36	博士	高校教师	档案学	微信语音	46 分 45 秒
R25	女	33	博士	高校教师	社会保障	微信语音	40 分 03 秒

3.2.3　资料收集

为了进行资料收集,每个访谈过程都在经过访谈对象的同意下进行了录音,并及时转录成 Word 文本,以便后期编码分析使用。访谈法有很多不同的形式。例如,由于访谈对象的区别,访谈有集体访谈和"一对一"个体访谈之分。由于交流方式的不同,有直接访谈与间接访谈的区别。由于研究内容结构化程度的不同,有结构化访谈、半结构化访谈和无结构化访谈的区别。结构化访谈是高度标准化的,整个访谈过程中的问题、提问顺序、访谈方式、记录方式都按照提前设计好的程序规范地进行,它具有十分清晰完整的大纲结构,访谈结果非常便于量化处理;无结构化访谈与结构化访谈完全不同,它在访谈前不会设计具体的访谈内容与问题,往往整个访谈过程只有一个访谈主题,它能够充分发挥研究者与访谈对象的创造性,具有非常大的自由度。而半结构化访谈中,研究者会在开始访谈之前,先通过大量阅读相关文献确定访谈主题,在访谈前列出一个大概的提纲和需要探讨的相关问题。但是,在整个访谈过程中,研究者可以根据访谈对象的回答进行灵活性的变化,不用完全依据提前设计好的访谈大纲和问题进行提问,整个访谈过程仍然是开放式的,但却又能够紧密围绕研究问题展开。

由于结构化访谈和无结构化访谈的优点都完美地体现在了半结构化访谈这种形式中,因此,笔者选取半结构化访谈的方式进行访谈。在访谈前,根据主题提前设计好访谈提纲,在访谈提问的过程中根据访谈对象的回答,灵活调整提纲中的问题顺序和提问方式,甚至可以加入一些新的相关问题。访谈者的回答,没有任何限制,他们可以自由地发表任何自己的观点和想法。值得注意的是,访谈者在整个访谈过程中应秉持着尊重、自然且真诚的态度与访谈对象进行交流,营造出一种轻松的访谈氛围。一开始,可以先用一些简单的话题慢慢导入,让访谈者了解访谈主题,循序渐进将受访者带入访谈中。整个访谈过程中访谈者应保持中立的提问态度,不能带有自我想法与情绪,以免给访谈对象带来先入为主的印象,影响访谈质量。

3.2.4　访谈步骤

（1）确定访谈提纲

首先,需要先确定访谈提纲。整个访谈过程,研究者会围绕着访谈提纲对访谈对象进行开放式提问。提纲设计得是否合理巧妙,对访谈质量有着决定性的影响,从而进一步直接影响编码资料的科学性和可靠性。因此,笔者在设计提纲之前,大量阅读了相关的文献,以相关文献为基础,紧紧围绕"科研人员个人数字存档行为的影响因素"这一研究主题设计访谈提纲。

访谈提纲的内容一共包括以下五个部分。

第一部分,向研究者介绍本次访谈的目的与研究主题,让访谈者对本次访谈内容"个人数字存档行为影响因素"有一个全面的认识。然后,询问访谈对象,研究者是否能够对本次访谈进行录音,并且向访谈对象承诺访谈内容仅用于学术研究,不会泄漏访谈对象的个人隐私信息也不会另作他用。

第二部分,对本章研究主题中的一些学术性的概念术语进行详细介绍,并且举例说明,例如"个人数字存档"和"个人数字存档工具"等。保证访谈对象能够充分理解本次访谈内容中会出现的专业术语。

第三部分,对受访者的年龄、受教育程度、职业、学科专业等和存储经历这些基本信息进行询问。通过对这些简单的基本信息的询问,让访谈者放松紧张的情绪,慢慢进入状态。

第四部分,根据设计好的访谈大纲进行正式的访谈提问,访谈问题主要依据以下几个方面展开。但是,在整个访谈过程中,可以依据访谈对象的回答改变提问的顺序以及增加新的访谈问题:

1.您是否有过个人数字存档的经历? 是什么原因驱使您保存您的数字材料?

2.您有将存储数字材料变成自己的一种习惯吗? 如果有,您是如何形成这种习惯的? 如果没有,是哪些因素阻碍了您?

3.您认为自己能够很好地完成对数字材料的存储吗? 如果可以,是为什么? 如果不能,是为什么?

4.您通常会通过哪些方式保存自己的数字材料? 您为何选择这种方式?

5.在对自己的数字材料进行保存的时候,您最担心哪些方面的风险?

6.您通常会对哪些数字材料进行存储? 为什么?

7.您认为个人数字存档工具具有哪些特性时,您会倾向于使用它?

8.您认为保存数字材料可以帮助您实现哪些目的?

9. 现在信息技术高速发展,对您保存自己的数字材料产生了什么影响吗?

10. 您在存储过程中遇到的最大的困难是什么?举例说明。

11. 您会不定期对个人数字材料进行删除、同步更新吗?为什么?

第五部分,是访谈提纲的最后一个部分,在全部访谈提纲中的问题结束后,询问访谈对象是否有其他内容需要补充,并感谢访谈对象的此次参与。

(2)预访谈实施过程

为了保证更高的信度和效度,笔者在正式访谈前进行了一轮预访谈。选取3位科研人员,将设计的访谈大纲与受访者沟通,询问3位预访谈对象对设计访谈的看法,了解访谈提纲中是否有表达不清晰,或者受访者认为更合理的表达方式。根据他们的意见,对访谈提纲进行完善,最终,形成正式使用的访谈提纲(见附录1)。预访谈具体过程如图3-2所示。

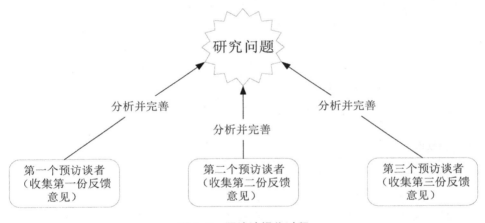

图3-2 预访谈操作过程

(3)正式访谈实施过程

正式访谈过程见表3-2。

表 3-2　正式访谈实施过程

1. 访谈之前的准备	①根据此前定好的标准选定访谈对象,与访谈对象取得联系,说明来意征询访谈对象意愿,并且根据访谈对象的时间,提前约定好访谈地点与访谈时间。时间不方便或者因为其他原因无法进行面对面访谈的对象可采取微信语音的方式进行。 ②与访谈对象约定好时间后,提前将访谈提纲通过线上方式发送给访谈对象,让他们先对此次访谈有一个大致的了解和思考。
2. 正式访谈过程	①详细地向受访者说明本次访谈的主题与目的,并向访谈对象承诺本次访谈过程中所收集到的信息全部都仅仅用作学术研究,不会另作他用。 ②对访谈大纲中的一些较为学术的概念,向受访者进行解释说明,如个人数字存档行为、个人数字存档工具等。让受访者充分了解本次访谈的内容。 ③围绕访谈大纲进行提问,根据访谈对象的回答灵活变化,不用完全依据提前设计好的访谈大纲和问题进行提问,整个访谈过程是开放式的,紧密围绕研究问题展开。在一开始,可以先用一些简单的话题慢慢导入,让他们了解访谈主题,吸引访谈对象的注意,循序渐进深入。研究者在整个访谈过程中必须保持中立的提问态度,不能带有自我想法与情绪,以免给访谈对象带来先入为主的印象,影响访谈结果的客观性。
3. 访谈结束	访谈结束后,对受访者表达感谢。然后认真整理访谈录音文件,将访谈录音文件转录为 Word 文本格式,并进行有序化整理。

3.2.5 效度检验

研究是否可行能通过效度得以窥见,同时,它也是判断研究质量高低的重要指标。因此,本章将通过描述型效度、解释型效度和理论型效度①对本章研究的效度进行检验。

描述型效度,是可观察到事物或现象被描述的准确程度。在本章研究中主要体现在访谈资料的整理过程中,对研究者提出的问题,访谈对象是否进行了全面准确的回答。而其回答的原始语句,又是否被研究者完整且真实地记录下来了。在访谈过程中,笔者应给予访谈对象充分的时间让他们对每个问题进行

---

① Johnson R B. Examining the Validity Structure of Qualitative Research [J]. Education, 1997, 118 (2): 282-292.

思考和回答。访谈结束后,及时将访谈录音转录为 Word 文本。因此,可以认为本书扎根理论研究结果具有良好的描述型效度。

解释型效度,是现象和事物真正的意义是否被研究者所完整地理解和准确地表达。在本章研究中,主要体现在研究者是否如实且准确地转化了访谈对象所表达的内容。笔者在整个访谈过程中尽力理解访谈对象的回答内容,当笔者对访谈对象的一些表述存在疑问时会及时跟访谈对象进行咨询,以保证能够完全理解访谈对象所表述的内容的内涵。因此,可以认为本书扎根理论研究结果具有良好的解释型效度。

理论型效度,是指所研究的现象是否真实准确地被理论建构过程中依据的理论和构建出的理论所反映。① 在本章研究中主要体现在,整个扎根理论的研究过程是否科学和严谨,尤其是文献比较和理论构建这两个阶段。笔者在本章研究中,秉持严谨的态度严格遵循扎根理论编码流程,完全还原访谈对象最真实的想法。因此,可以认为本书扎根理论研究结果具有良好的理论型效度。

综上所述,本章研究过程以相关理论为基础,访谈中给予访谈对象充分的时间进行思考和回答。访谈结束后整理访谈录音,在完全尊重访谈对象原本回答内容的前提下将其转化成 Word 文本,最大限度还原访谈对象真实的想法。在扎根理论编码中严格遵循编码原则,科学而严谨地进行理论建构。因此,本章扎根理论研究过程和结果具有较高的效度。

3.3 资料编码过程

在完成了对访谈资料的收集和整理后,即进入到访谈资料编码分析阶段,主要包括开放式编码、主轴编码和选择式编码三个主要步骤。具体过程如图3-3 所示。

---

① 陈向明. 定性研究中的效度问题[J]. 教育研究, 1996(7):54.

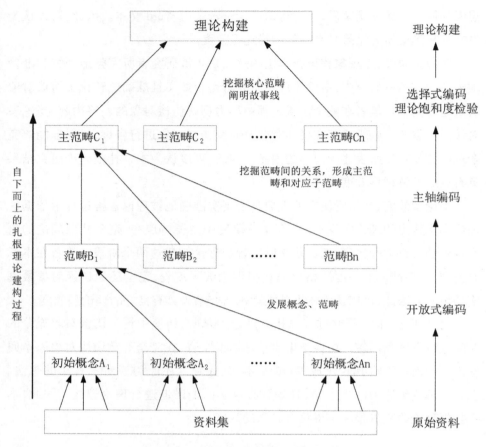

图3-3　扎根理论编码分析研究过程

整个编码分析过程中,深入分析原始访谈文本,抽取其中的相关概念和范畴,进而归纳出主范畴和它们之间的关系,探测、识别和表达科研人员个人数字存档行为主要影响因素。编码分析过程中涉及的名词术语及其解释见表3-3。[①]

---

① 陈欣,叶凤云,汪传雷.基于扎根理论的社会科学数据共享驱动因素研究[J].情报理论与实践,2016,39(12):91-98.

表 3-3　编码过程名词术语及解释

名词术语	解释
概念	附着于个别事件或现象的概念性标签
范畴	一组描述同一现象的概念
现象	会引起一连串行动来处理的核心观念或事件
子范畴	包含一组概念，又包含于某一范畴中
主范畴	低于核心范畴的一组范畴的集合
故事	针对某一研究的中心现象所做的叙述
故事线	主范畴之间的典型关系结构
核心范畴	能将其他范畴结合起来的中心现象

3.3.1　开放式编码

开放式编码是一个从原始访谈文本中提炼概念，并拢和相似概念成为范畴的过程。概念是指附着于个别现象、事件的概念性标签，它是能够体现出原始访谈文本中本质内涵的一个词语、一个短语或者一个句子，无论是何种形式，概念必须严格源于原始访谈文本。它是资料编码分析过程中最小的基本单位，是整个理论建构的基础。范畴是由一组相似的概念提炼而成，是对抽取的所有概念所进行的一个概念统摄，将具有相似观点或主题的概念抽象化提升形成范畴。开放式编码的过程需要遵循"逐级编码"的原则，对于原始的访谈文本要逐步进行抽取和提升，不能够由原始的访谈文本直接提炼出较为抽象化的概念或范畴，而应该一步一步提升其概念化和范畴化的程度。

开放式编码的具体过程包括定义现象、形成概念和提炼范畴三个步骤。第一步，定义现象。即将访谈文本中与本书研究主题相关的原始语句一句一句地标记出来，分解为若干个现象。第二步，形成概念。即使用尽可能简短且准确的词汇、短语或短句对相同的现象使用同一个概念表达。第三步，提炼范畴。范畴相比较概念而言，更具有指向性和选择性。在提炼范畴这一阶段，笔者根据主题将相似的概念进行归纳和聚合，形成一个概念群①。这与形成概念阶段

---

① 王文韬，谢阳群，刘坤锋. 基于扎根理论的虚拟健康社区用户使用意愿研究[J]. 情报资料工作，2017(3)：75-82.

有一定差异,不同于形成概念阶段对原始访谈文本的总结,提炼范畴更加具有选择性和指向性。开放式编码深入分析中得到的概念与范畴,可以有效替代原始访谈文本,便于更加清晰与方便地对原始访谈文本进行分析与比较。在整个编码过程中,笔者始终本着忠于原始访谈文本的原则和态度,对原始访谈文本实事求是地进行分析编码。为了减少研究者主观臆断在编码过程中可能造成的影响,笔者在概念的命名中尽量选择访谈对象的原始回答。在编码过程中遇到一些不能确定的概念时,笔者会第一时间联系访谈对象再次确定其观点和想法。

本研究中,笔者借助 NVivo11 软件对 20 份访谈文本进行编码分析,NVivo11 软件使得笔者能够从大量繁重的手工作业中解脱出,拥有更多的时间和精力探究研究主题,在很大程度上提高了本研究编码的效率。NVivo11 编码操作界面如图 3-4 所示。

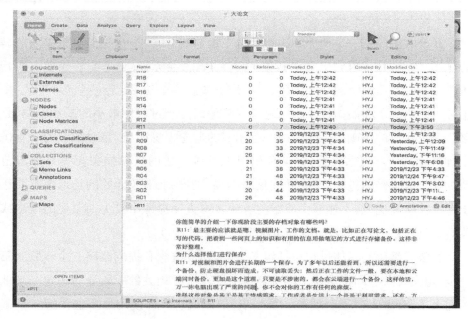

图 3-4　NVivo11 编码操作界面

在 NVivo11 软件中建立新项目"博士论文",从"数据(Data)"中导入"访谈文本(Documents)",然后一份一份地对访谈文本中每句话每个字进行仔细阅读,选中访谈文本中需要分析的材料右键"Code Selection(新建节点)"的方法及建立节点,所有节点建立完成之后,可以通过直接拖拉的方式将本质相关的定义归纳为一类,进行进一步的提炼和归类处理。并且能够清晰地看到每一个节点的数据来源,节点界面如图 3-5 所示。

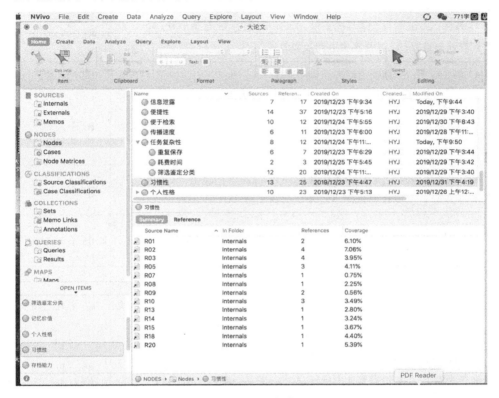

图 3-5　NVivo11 节点界面

在本研究中,通过对 20 位参与访谈者的访谈文本进行系统性的整理和分析,在整个定义现象、形成概念和提炼范畴的过程中形成了有关科研人员个人数字存档行为影响因素相关的开放式编码。本研究忠于访谈者原始访谈文本、实事求是地将 20 位参与访谈者的访谈文本进行分析和归类后,抽取了 128 个概念和 28 个范畴,开放式编码过程见表 3-4。

表 3-4　开放式编码构建

概念	范畴
A1 接受过专业教育；A2 耳濡目染；A3 有规划性；A4 行为启蒙；A5 意识到存档很重要；A6 遭受损失进而吸取教训	B1 个人意识
A7 得心应手；A8 存档效率高；A9 有能力	B2 个人能力
A10 具备相关专业知识；A11 愿意花时间学习；A12 鉴别标准；A13 工具使用方法；A14 分类指导；A15 规范的体系；A16 学习他人经验与成功案例	B3 个人知识
A17 积极主动的人；A18 具有能动性；A19 行动力比较强；A20 有条有理；A21 对自己比较有要求；A22 个人性格问题	B4 个人性格
A23 翻阅照片的习惯；A24 收纳东西的习惯；A25 形成惯性；A26 固定行为模式；A27 习惯一切整洁；A28 强迫症；A29 勤快	B5 个人习惯
A30 存档经验比较丰富；A31 尝试过许多不同方法；A32 有自己的心得体会；A33 存档的时间一次比一次短；A34 越做越顺手；A35 非常熟悉整个过程	B6 个人经验
A36 自身拥有专业优势；A37 不受他人影响；A38 熟悉电子产品；A39 感知行为简单；A40 不需要他人指导；A41 一般不会遇到什么困难	B7 自我效能
A42 感知行为复杂；A43 感知行为难以控制；A44 存档对象数量过大；A45 存档对象格式复杂；A46 设备间格式不匹配；A47 存档方式过于多样；A48 存档工具过于多样；A49 重复存储	B8 存档复杂
A50 无法对信息进行鉴别与筛选；A51 无法确认文件是否具有潜在价值；A52 筛选存档对象缺乏依据	B9 筛选复杂
A53 分类标准繁多；A54 分类标准不断变化；A55 需要耗费大量时间与精力；A56 界定混乱；A57 感到纠结	B10 分类复杂
A58 担忧个人隐私泄露；A59 自动授权；A60 云存储安全标准缺失；A61 黑客入侵；A62 病毒入侵；A63 学术资料与创新成果遭到窃取；A64 便利性与安全性之间权衡；A65 云存储服务商隐私协议不合理且边界模糊	B11 隐私风险

续表

概念	范畴
A66 云存储账号丢失；A67 云存储服务商倒闭；A68 误判为违规资源遭删除；A69 账号遭封禁；A70 网盘关闭个人存储服务；A71 移动存储设备丢失	B12 丢失风险
A72 移动存储设备损坏；A73 载体质量令人担忧；A74 物理安全缺乏重视；A75 文件损坏事故频发；A76 存储云端期间文件完整性遭到破坏；A77 遭到黑客攻击发生介质故障；A78 文件上传过程中出现故障	B13 损坏风险
A79 情不自禁去翻看；A80 忽视时间的流逝；A81 专注于行为之中	B14 沉浸其中
A82 感知过程享受；A83 体会到其中的乐趣；A84 成就感	B15 感知愉悦
A85 存储工具使用简单；A86 倾向于使用较为传统的工具；A87 不希望耗费过多精力；A88 工具特别好用；A89 功能设置一目了然；A90 期望存储功能设置越简单越好；A91 更新速度在控制范围之内	B16 工具使用简单
A92 存储工具携带方便；A93 云存储不受限于设备	B17 工具使用便捷
A94 价格过高会选择放弃；A95 考虑成本问题	B18 感知成本
A96 随时随地记录心得体会；A97 工作和学习效率得到提高；A98 能够在第一时间使用存档文件；A99 极大程度方便获取利用；A100 保持任务连贯性	B19 提升效率
A101 检索更具便捷性；A102 支持快速检索与呈现；A103 人工智能；A104 语义检索	B20 便于检索
A105 不再为存储空间不够用而担忧；A106 受限于存储容量的状况发生了改变	B21 存储空间
A107 时间成本更小；A108 硬盘读取速度发生改变；A109 上传云盘速度发生变化	B22 传输速度
A110 更完善的存储功能；A111 自动上传备份	B23 功能更新
A112 用户界面简洁好操作；A113 智能化	B24 用户界面

续表

概念	范畴
A114 记忆建构作用;A115 情感依托;A116 满足个人喜好	B25 情感价值
A117 对目前学习工作不可或缺;A118 需要进行反复查阅;A119 此刻具有重要参考价值	B26 即时使用价值
A120 学术价值高;A121 科研积累;A122 以便日后参考查用;A123 二次利用;A124 价值具有不确定性;A125 潜在使用需求	B27 潜在使用价值
A126 重要证据;A127 消费记录截图;A128 学位证明等身份证明材料	B28 凭证价值

为了进一步说明本研究中开放式编码的过程,本书对部分开放式编码中的分析进行了举例,囿于篇幅,本书仅列举了部分原始访谈文本记录进行展示分析,如表 3-5 所示。

表 3-5　开放式编码过程分析举例

部分访谈文本记录	定义现象	概念	范畴
"……从大二的时候吧,接触了我们的专业课,开始对存档有了更加深刻的了解……"	开始接触专业课	A1 接受过专业教育	
"……所有老师都会跟你说你是学信息管理的,你的信息管理行为非常重要,会每天跟你强调这个事情的重要性,然后就会逐渐产生一点要进行存档的意识……"	周围老师朋友的影响	A2 耳濡目染	B1 个人意识
"……就是我有吃过亏,就是一下子所有的东西都没有保存……""……我很少用云存储,因为我吃过很多次云存储的亏……""……我有一次第二天有个重要比赛,我头天晚上写稿子写到 11:30,写了 1300 字。结果电脑坏了,我当时就脑抽了,我经历过那次之后我人都傻了,我第二天就要比赛,因为这个东西,你灵感在那里,你不是说能给它重复出来的,那会我真的痛心疾首,此后再生成什么文件都会立刻保存起来……"	吃过亏;比赛的稿子全部丢失痛心疾首	A6 遭受损失进而吸取教训	

续表

部分访谈文本记录	定义现象	概念	范畴
"……很多材料你保存起来了但是没有做一个很好的分类,用的时候会经常找不到。如果说能够具备一定的这方面的能力那么做起来就会非常高效,做得足够好对未来的工作也会有一些帮助,能够节省更多的时间……"	做得好能够节省更多时间	A8 存档效率高	B2 个人能力
"……没有人教我们怎么组织自己的文件,我希望就是有一个人可以教我们,这个也不一定非要像一堂课来教我们,可以给我们一个图,给我们看看一些,平时个人存储做得很好的人他们的一些事例呀,让我们学习学习……" "……我非常喜欢听一些保存数字材料保存得很好的人跟我讲解他是为什么这样保存,我非常爱看那些很整洁的电脑,我企图通过看他的电脑能够学到一些它的存储规律,然后让我好好地学习一下……"	学习别人的存档方式;看那些整洁的电脑;找寻别人的存储规律	A16 学习他人经验与成功案例	B3 个人知识
"……我在很多时候不会愿意赶在这个 deadline 之前才去做,我会提前很久就赶紧把它给弄出来。其实我做任何事都是这样,不然我会焦虑……" "……我们上一次去云南做调研,在档案馆访谈完工作人员后回到宾馆我就马上把我们访谈的内容归类整理出来……"	不等到最后一刻才完成任务;立刻马上整理访谈文本	A19 行动力比较强	B4 个人性格
"……自从有了笔记本电脑之后我就有了这样的习惯……" "……材料生成以后,会定期做一下存档,如果我不去单独存一下,心里不放心……" "……有空闲的时间就会对它进行保存整理……" "……这种行为对我来说已经成了一种习惯,成了一个固定性的动作……"	形成一种习惯;不存不放心;花费固定时间进行存档;成了固定性动作	A26 固定行为模式	B5 个人习惯

续表

部分访谈文本记录	定义现象	概念	范畴
"……有一定的经验,在这方面就是试用过很多不同的方法,还比较有发言权……""……在对工具的使用方面很有体会……"	有一定发言权;工具使用熟练	A32 有自己的心得体会	B6 个人经验
"……我就是学这个的,结合我自己自身的专业,可以更好地把我的这个电子资料保存起来……"	结合自己的专业	A36 自身拥有专业优势	B7 自我效能
"……个人数字存档对象是私密性比较重的一个东西,我有哪些资料需要存储或者怎么存储,我自己都可以做得很好,不会因为别人说什么而改变我的什么想法……"	不会因为别人改变自己的想法	A37 不受他人影响	
"……我觉得自己在这方面做得还不够好,每次保存资料的时候就很矛盾,不知道该以什么为依据去筛选对象存储……""……我自己生成的数字文件很多,需要去甄别哪些是真正需要长久保存的,哪些需要短期保存……"	每次筛选对象都很矛盾;仔细甄别哪些真正需要保存	A52 筛选存档对象缺乏依据	B9 筛选复杂
"……我们科研人员,可能会拍一些论文稿件,这个东西他在 Wi-Fi 底下百度云给你不加鉴别地自动备份了……""……万一实验数据泄漏了就完了,因为我们科研人员必须创新啊,别人抢先把我的 idea 发出去了,就会造成非常大的损失……"	不加鉴别自动备份论文稿件;实验数据泄漏	A63 学术资料与创新成果遭到窃取	B11 隐私风险
"……最担心的就是这个载体的质量,因为 U 盘硬盘这个东西你不好说,一下子很可能就突然不行了,为了这个我还买了好几个硬盘套,防水的加棉的都买过……""……我很注意这个电脑什么的,开着机我都不敢随便抱着它乱晃……"	非常担心载体的质量;悉心保护载体质量	A73 载体质量令人担忧	B13 损坏风险

续表

部分访谈文本记录	定义现象	概念	范畴
"……我在硬盘和 U 盘中会选择 U 盘,我宁愿买很多个很大容量的 U 盘,都不会买一个硬盘,因为硬盘很重……""我喜欢小的轻的 U 盘,这样我背很小的包也可以放在里面,或者直接放在衣服口袋里也不影响什么……"	选择比较轻巧的工具;易于轻松携带	A92 存储工具携带方便	B17 工具使用便捷
"……你保存好却找不到,就跟不保存是一样的道理,所以存档工具如何更有助于检索,我觉得这对我来说是很有用的……""……我还用文献管理软件 NoteExpress 存东西,因为它方便检索,你只要在里面检索到那个提名,他就会很快呈现这份文件……"	存储工具帮助我更好检索文件;很快呈现文件	A102 支持快速检索与呈现	B20 便于检索
"……和自己和家人朋友相关的一些合照什么的,这种东西我觉得他很有意义……""……希望自己生活的这个轨迹都能够记录下来,还可以没事看看我 10 岁的时候是怎样的……""……希望能够留下这段美好的回忆,在老了以后还可以拿出来,细细品味……"	家人朋友相关记忆;记录生活轨迹;留下美好的回忆	A114 记忆建构作用	B25 情感价值
"……一直就是觉得可能未来会需要用到,所以像很多照片、文档和视频什么的就一直没有删掉,尽管它们占用了很大的空间,但是我认为,可能会用得上,然后就想把它保存起来……""……不能预知这个东西对你什么时候有用,所以就保存着,冷不丁说不定什么时候就有用了……"	未来可能会用得上;说不定什么时候就有用了	A122 以便日后参考查用	B27 潜在使用价值

3.3.2　主轴编码

主轴编码是基于开放性编码所得的范畴,结合原始访谈文本进行分析,从各范畴中进一步提炼出主范畴的过程。上一节开放式编码中共识别出 28 个子范畴,但这 28 个子范畴之间的关联可能存在潜在关联没有进行进一步探讨。通过主轴编码过程,能够进一步深入挖掘各个子范畴之间存在的潜在关联,将相似的子范畴聚拢在一起发展出一个可以归纳他们的主范畴,并不断将子范畴与主范畴带回原始访谈文本中验证归纳出的主范畴是否准确,且完整真实地与子范畴所表达的内涵一致,可以统领这一群子范畴。

在开放式编码阶段归纳出的 28 个子范畴分别是:B1 个人意识、B2 个人能力、B3 个人知识、B4 个人性格、B5 个人习惯、B6 个人经验、B7 自我效能、B8 存档复杂、B9 筛选复杂、B10 分类复杂、B11 隐私风险、B12 丢失风险、B13 损坏风险、B14 沉浸其中、B15 感知愉悦、B16 工具使用简单、B17 工具使用便捷、B18 感知成本、B19 提升效率、B20 便于检索、B21 存储空间、B22 传输速度、B23 功能更新、B24 用户界面、B25 情感价值、B26 即时使用价值、B27 潜在使用价值与 B28 凭证价值。这 28 个子范畴之间可能存在一定关联性。笔者深究这 28 个子范畴之间可能存在的逻辑次序与相互关系,并不断细读 20 位访谈对象的原始访谈文本,笔者将开放式编码阶段得到的 28 个范畴重新归纳分类,最终得到 8 个主范畴,分别是:C1 个体因素、C2 任务复杂性、C3 感知风险、C4 心流体验、C5 感知易用性、C6 感知有用性、C7 技术环境的改变与 C8 感知价值。主轴编码具体过程见表 3-6。

表 3-6 主轴编码过程

主范畴	对应的子范畴	子范畴的具体含义
C1 个体因素	B1 个人数字存档意识	科研人员所具备进行个人数字存档的意识
	B2 个人数字存档能力	科研人员对个人数字存档的掌控能力
	B3 个人数字存档知识	科研人员自身所拥有的与个人数字与数字存档相关的领域知识
	B4 个人性格	科研人员自身性格特征对个人数字存档可能存在的影响
	B5 个人习惯	科研人员所拥有的会导致进行个人数字存档的习惯
	B6 个人经验	科研人员过去对个人数字存档过程或工具的熟悉程度
	B7 自我效能	科研人员对自己是否能够很好进行个人数字存档行为的自信程度

续表

主范畴	对应的子范畴	子范畴的具体含义
C2 任务 复杂性	B8 存档复杂	科研人员感受到整个存档过程的困难与复杂（包括文件数量过大、重复存储、设备之间格式不匹配、耗费时间等各种问题）
	B9 筛选复杂	科研人员对于如何鉴别与筛选个人数字存档对象感到复杂
	B10 分类复杂	科研人员对于如何对存储下来的资料进行分类感到复杂
C3 感知风险	B11 隐私风险	科研人员担心私人文件与创新性学术成果等资料存在泄漏风险
	B12 丢失风险	科研人员担心移动存储设备可能丢失或者云端资料丢失
	B13 损坏风险	科研人员担心存储载体遭到损坏或文件本身遭遇损坏
C4 心流体验	B14 沉浸其中	科研人员在进行个人数字存档过程中完全专注于自己的行为
	B15 感知愉悦	科研人员在进行个人数字存档的过程中享受过程本身并且能体会到其中的乐趣
C5 感知 易用性	B16 工具使用简单	科研人员能够很轻松容易地使用个人数字存档工具进行存档
	B17 工具使用便捷	科研人员能够十分方便快捷地使用个人数字存档工具进行存档
	B18 感知成本	科研人员对于要进行个人数字存档行为需要付出成本的计算和权衡

续表

主范畴	对应的子范畴	子范畴的具体含义
C6 感知 有用性	B19 提升效率	使用个人数字存档工具存档能够使得科研人员工作学习效率得到提高
	B20 便于检索	使用个人数字存档工具存档能够便于科研人员快速检索到所需资料
C7 技术环境 的改变	B21 存储空间	数字存档工具及云存储服务的存储空间发生了改变
	B22 传输速度	硬盘读取速度和文件上传速度发生了变化
	B23 功能更新	个人数字存档技术与工具的功能时常更新升级
	B24 用户界面	云存储软件的用户界面发生了改变
C8 感知价值	B25 情感价值	个人数字存档对象对科研人员具有情感价值（记忆建构、情感依托及满足个人喜好等）
	B26 即时使用价值	个人数字存档对象对科研人员目前的学习工作不可或缺，需要进行反复查阅
	B27 潜在使用价值	个人数字存档对象可能对科研人员未来或许会有用，留存以便日后查阅
	B28 凭证价值	个人数字存档对象对科研人员具有凭证价值

3.3.3　选择式编码

选择式编码是厘清和阐述主范畴之间典型关系结构的过程，也就是"故事线"。在之前开放式编码和主轴编码阶段已经厘清了概念与范畴之间的关系，为构建扎根理论模型奠定了基础。本节通过选择式编码挖掘出能够统领所有范畴的核心范畴，并建立核心范畴同其他范畴之间的关系（"故事线"）。之后，研究人员就可以基于"故事线"发展出一个实质理论框架。研究中的核心范畴表征了该研究的主题，具有统领性。核心范畴具有以下几部分特征：第一，具有核心性,能够统领其他范畴,占据中心地位;第二,具备足够解释性,可以解释因为不一样情景而产生的不同现象;第三,频繁出现在原始访谈文本中,与研究主题紧密相连;第四,有足够抽象性,可以发展为更具普遍性的理论。

在本研究中,通过对个体因素、任务复杂性、感知风险、心流体验、感知易用性、感知有用性、技术环境的改变与感知价值8个主范畴进行反复研究、思考与分析对比,确立"科研人员个人数字存档行为影响因素"这一核心范畴,并形成本研究中主范畴间的"故事线"。此外,还附上确认主范畴间典型关系结构的原始访谈文本以验证提炼出的关系结构架设。见下表3-7。

表3-7 选择式编码形成的主范畴间的典型关系结构

关系结构	关系结构的内涵	受访者的代表性语句 (验证关系结构假设)
个体因素 ——科研人员个人数字存档行为	科研人员个人的数字存档意识、能力、知识以及个人性格、习惯、经验和自我效能会对科研人员个人数字存档行为产生影响	"……刚上大学的时候开始使用电脑和手机,经常会生成一些数字文件和照片,那会儿还没有现在一些很专业的存档工具,我们就会利用QQ空间来进行存储,现在存储工具也越来越成熟了,我们的生活和工作就更离不开数字存档这件事了……" "……所有老师都会跟你说你是学信息管理的,你的信息管理行为非常重要,会每天跟你强调这个事情的重要性,然后就会逐渐产生一点要进行存档的意识,慢慢就开始会有意识地把一些重要的文件好好存储起来……" "……材料生成以后,我会定期做一下存档,如果我不去把它好好地存一下,我心里会非常不放心。对我而言,存档这件事情已经成了一个固定性的动作,出于习惯也是会一直把这个事情做下去……"

续表

关系结构	关系结构的内涵	受访者的代表性语句 (验证关系结构假设)
任务复杂性——科研人员个人数字存档行为	科研人员进行数字存档行为中相关任务的复杂性会对科研人员个人数字存档行为产生影响	"……每次旅游回来都会想要把好看的照片好好地保存整理一下,可是一想到有那么多照片,要筛选,要分类,我就觉得头疼,真的是太费脑筋了,没有勇气开始,所以就常常把这个事情给搁置了……" "……我通过 QQ 传输,想把手机上的一部分文件传到电脑里,然后电脑提示我那个文件太大了。然后我通过 U 盘拷贝,又告诉我这个格式不匹配,没有办法传,我只能把它切成小份,然后压缩,一点点传,非常不方便。我决定不存了,放弃了……" "……这个东西确实,如果要好好做一下存档什么的确实还蛮花时间的,所以我其实一般也懒得抽出很长的时间做……" "……我不太会去用那些比较新出的一些工具进行存档,就是里面有些功能使用起来也不了解、不熟悉,感觉是有点过于复杂了……" "……太复杂就不存了……"

续表

关系结构	关系结构的内涵	受访者的代表性语句 （验证关系结构假设）
感知风险 ——科研人员个人数字存档行为	科研人员感受到在个人数字存档行为中可能会产生的风险会对科研人员个人数字存档行为产生影响	"……我们科研人员，可能会拍一些正在撰写的论文，如果在云端保存这些资料，就会很担心万一资料泄露了怎么办，因为我们科研工作者必须创新，别人如果把你的idea抢先拿去发表了就非常恶劣了，会造成很大的损失，所以我一般不会把我的学术论文保存在云端……" "……之前我用360云盘。我真的是非常认真在分类保存，但是它说没有就没有了。然后微盘，也是说没有就没有了，都不会跟一些消费者打招呼，就没有了。我辛辛苦苦花费大量的时间存那么多东西就没了，真的非常郁闷。我因为安全性舍弃了云存储……" "……最主要担心的风险就是怕资料会丢失，像U盘移动硬盘这种东西我太容易丢了，我就不会通过把一些文件什么的保存在U盘移动硬盘……"
心流体验 ——科研人员个人数字存档行为	科研人员在进行个人数字存档行为时沉浸其中的状态所造成的潜在控制感觉和感知乐趣会对科研人员个人数字存档行为产生影响	"……我是前两天花了一天的时候去做一个存档，其实真正做起来发现这个过程是很享受的，我觉得就是很开心，一是它变得井井有条，第二就是你看到一些以往的东西也会回忆起来一些以前的事情，就很开心。所以也是会蛮愿意每隔一段时间抽空好好做下这个事情……" "……每次存档的时候就会觉得很有成就感，你看我这些东西都是我积累下来的东西，我拍的照片也好，还是我做的论文成果也好，把它们统统保存下来，我觉得很有成就感，都是我自己一点一滴的积累啊，很喜欢做这件事情……"

续表

关系结构	关系结构的内涵	受访者的代表性语句 （验证关系结构假设）
感知易用性——科研人员个人数字存档行为	科研人员在进行个人数字存档时对个人数字存档工具的易用性感知会对科研人员个人数字存档行为产生影响	"……我喜欢用一些功能设置非常简单的存档工具，就让你不用动脑筋去思考，就是用起来就觉得一目了然，简单易用的。越简单越好，越傻瓜越好，如果太复杂了我就也不太愿意去了解它。感觉也没必要去了解它，我就很喜欢用那些使用起来很容易的工具存档……" "……大环境导致了很多很方便使用的存档工具的出现，它会促使我们更容易去做这件事情……" "……云存储非常方便，可以满足在任何地方使用，不受限于设备，我随时随地只要有网络就可以了，不像移动硬盘什么的要带来带去，云存储随时随地都能用，太方便了我真的超级爱了……"
感知有用性——科研人员个人数字存档行为	科研人员在进行个人数字存档时对个人数字存档工具有用性感知会对科研人员个人数字存档行为产生影响	"……现在很多软件都可以在线记笔记，比方说这个印象笔记或者是那个苹果手机自带的备忘录功能，我会在这些软件上记录一些课堂笔记或者是看书的一些心得，然后再进行一个存储。工具使用得当整个效率都会得到提升，我使用他们的频率就会很高……" "……我其实一直有在做存档这个事情，但是就是会容易经常找不到我存过的一些资料什么的。然后我同学推荐我用 NoteExpress 存文档，说是比较方便检索。一开始我觉得有点奇怪，因为一直都只是用它看文章没尝试过用它存档，后来我试了一下，发现真的很方便。所以现在确实是有很多文档我都会用 NoteExpress 来进行存储……"

续表

关系结构	关系结构的内涵	受访者的代表性语句 （验证关系结构假设）
技术环境的改变——科研人员个人数字存档行为	由于技术环境的改变而造成的科研人员个人数字存档行为中相关功能的变化对科研人员个人数字存档行为会产生影响	"……以前可能会面临什么空间小、不够用的困扰，你必须不停删，然后再买新的移动硬盘或者是要用新的存储工具。然后现在我觉得这个存储工具的空间越来越大了之后就感觉就不担心了呀，已经存下来的东西也不需要总是去删掉，然后就能够有多久就存多久，我自己也有好几个移动硬盘，也基本上都存满了，空间也大了之后就更加愿意存了……" "……如果有新的存储工具出现的话我一定会尝试的，因为更好的存储工具往往意味着更快更方便的存储方式，功能更好更完善，我会更乐意做存档这件事情……"
感知价值——科研人员个人数字存档行为	科研人员感受到个人数字存档对象对自己具有某种价值会对科研人员个人数字存档行为产生影响	"……很多材料毕竟也是自己经历的一部分。所以会想把它保存下来。无论将来是否能够发挥更大的作用都会选择把它保留下来，作为这段时间的一个记忆留存……" "……对我来说很多材料不是愿不愿意去存储的问题，而是不得不去存储。很多材料以后是一定能用得上的，所以一定会去把它给保存起来，毋庸置疑……" "……这个尤其对于做科研的人来说完全就是刚需，必须养成这种习惯，不然实验数据丢了很麻烦……" "……我的一些学位证书什么的，我会把它扫描存起来，为了方便利用吧，生活中可能某个时刻你需要这些东西作为你的一个凭证的时候，如果他只需要复印件的话，你就不用再去拿这些东西复印了直接在电脑上打印就可以了……" "……其实我自己真的并不喜欢做这件事情，甚至有时候有点反感。但是真的就是不得不做，因为我知道这对我很重要的，有些资料非常有价值的，所以我硬着头皮也一定会做……"

3.4 理论饱和度检验

本章通过半结构化访谈过程一共收集原始访谈文本资料 25 份,预留了后 5份进行理论饱和度检验,在对前 20 位科研人员的访谈文本进行编码的过程中构建了扎根理论模型。通过对 R21—R25 共 5 位科研人员的原始访谈文本进行再次编码过程分析,发现都并未再产生新的概念和范畴,也并未发现新的关系结构。一般认为,如果在理论建构后,通过额外的文本数据也未发展出新的概念、范畴与关系结构时,可认为理论(模型)就达到良好的"饱和度"①。因此,可认定上述基于扎根理论编码分析所构建的科研人员个人数字存档行为影响因素模型在理论上达到饱和。

---

① Fassinger R E. Paradigms, Praxis, Problems, and Promise: Grounded Theory in Counseling Psychology Research [J]. Journal of Counseling Psychology, 2005, 52(2): 156−166.

4 基于扎根理论的科研人员个人数字存档行为影响因素理论建构

本章主要是在上一章资料编码分析的基础上进行理论建构（Theory Construction），将选择式编码形成的思想进一步明朗化和系统化。本章科研人员个人数字存档行为影响因素理论建构，是整个扎根理论研究过程中的核心工作，通过这个过程，更加恰当地赋予事实以意义，为后续的研究工作提供指导。建构理论所具有的概括性的特点导致它能够拥有一定的应用范围，也能够进一步丰富和完善现有理论。

根据上一章中资料编码分析，最终得到 128 个概念、28 项子范畴和 8 项主范畴。在此基础上结合相关文献，逐步归纳提炼出个体、任务、技术和对象四个视角，构建科研人员个人数字存档行为影响因素扎根理论模型，如图 4-1 所示。

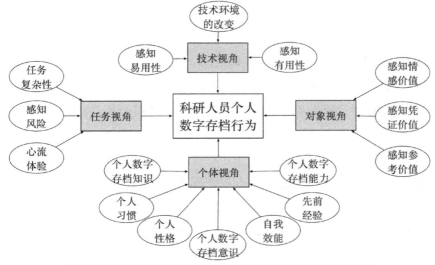

图 4-1　科研人员个人数字存档行为影响因素扎根理论模型

如图 4-1 所示,基于个体视角的影响因素主要包括个人数字存档能力、个人数字存档意识、个人数字存档知识、个人习惯、个人性格、先前经验与自我效能。基于任务视角的影响因素主要有任务复杂性、感知风险与心流体验。基于技术视角的影响因素主要由感知易用性、感知有用性与技术环境的改变。基于对象视角影响科研人员个人数字存档行为的因素有感知情感价值、感知凭证价值与感知参考价值。

本章将从这四个视角对影响科研人员个人数字存档行为的因素进行阐释,并通过部分典型访谈资料进行分析,进一步了解各项主范畴与科研人员个人数字存档行为的内在关联机制及作用关系。

4.1　个体视角

个体是所有行为的实施者,一切行为都会受个体自身的特点的影响。个人数字存档行为影响因素研究中,科研人员其个体因素是一个重要的范畴。本研究中基于个体视角的影响因素主要包括个人数字存档意识、个人数字存档能力、个人数字存档知识、个人性格、个人习惯、先前经验与自我效能。

4.1.1　个人数字存档意识

通过访谈发现科研人员个人数字存档意识会影响科研人员的个人数字存档行为,受访者都表示在没有意识到个人数字存档的重要性之前忽略了对一些材料的存储,而在具备了一定的存档意识后,则会开始定期对自己的数字材料进行存储和整理。在整个访谈过程中,很多人都提到了从什么时候开始进行个人数字存档行为,大部分人是在开始使用电脑、在想要找寻一些材料却不方便时,或者在吃过亏后开始意识到存档的重要性,进而开始产生个人数字存档行为。

R04:"我们刚上大学的时候就开始用电脑了,但是那个时候还没有这种保存的意识,经常会出现东西找不到的情况。一些文件找不到的话就需要重新写,这种状况非常麻烦。然后我就开始会有意识地进行一些保存。"

R013:"我不仅仅是在开始用电脑后会有意识地保存一些材料。在没有电脑之前,我一直也都会对一些纸质的文件进行存储,因为我比较担心资料会在需要使用的时候无法及时找到。很多重要的资料遗失的话非常麻烦,所以我都会有意识地对自己的文件做定期存储和整理。"

R14:"我有一次第二天有个重要比赛,我头天晚上写稿子写到11:30,写了1300字。结果电脑坏了,我当时就脑抽了,我经历过那次之后我人都傻了,我第二天就要比赛,因为这个东西,你灵感在那里,你不是说能给它重复出来的,那会我真的痛心疾首,再生成什么文件都会立刻保存起来。"

R07:"我是真吃过亏的人,差点误事,所以我很注意这一块,有的时候我的硬盘移动硬盘声音大了,我就开始害怕,我就赶紧开始转存。"

（注:楷体字为扎根理论原始访谈文本中的原文内容,下同。）

本研究的深度访谈对象涉及了许多学科专业,从访谈结果可以明显看出图情档专业出身的科研人员在个人数字存档意识方面明显会更具有优势,相较于其他专业的科研人员,个人数字存档意识更为强烈。这主要与他们的专业背景相关,在平时的专业课程与专业讲座中汲取了大量信息,所有老师都会对他们强调好好存储和管理自己的数字文件的重要性。这对提高他们的个人数字存档意识大有裨益。

R15:"从大二的时候吧,接触了我们的专业课,开始对存档有了更加深刻的了解。"

R07:"所有老师都会跟你说你是学信息管理的,你的信息管理行为非常重要,会每天跟你强调这个事情的重要性,然后就会逐渐产生一点要进行存档的意识。"

R08:"我是档案学专业的,我知道资料保存的重要性。"

4.1.2　个人数字存档能力

一些受访者提到在具有相关能力的前提下,进行个人数字存档效率会更高,能够节省更多的时间,在能够做得很好的情况下会更加愿意去做这件事情。个人数字存档能力也会对科研人员进行个人数字存档产生一定的影响。

R04:"很多材料你保存起来了但是没有做一个很好的分类,用的时候会经常找不到。如果说能够具备一定的这方面的能力那么做起来就会非常高效,分类会做得比较好,那么在检索的时候就可以更迅速了。所以其实对我来说资料存储工作做得足够好对未来的工作也会有一些帮助,能够节省更多的时间。"

R09:"对那些能力很强的人来说他们会很快很得心应手,就能节省更多的时间。"

R01:"如果我做得很好,整理出来的分类资料其实是赏心悦目的。看着那些文件被我有序地分门别类存放在这些文件夹里,感觉还挺好的。有时候还会有同学来问我平时怎么保存整理文件的,我感觉也算是对我的一种认可。如果可以做得很好的话,应该就更愿意去做这件事情"。

4.1.3　个人数字存档知识

除了个人数字存档意识和个人数字存档能力外,许多人也提到了想要把存储做好,也需要具备一定相关的存档知识。拥有个人数字存档相关知识与否对于进行个人数字存档行为也会产生一定的影响。

R14:"我觉得存储虽然说起来是我们每个人自己的事情,但是一个比较规范的体系对我们来说其实也非常重要,就算有一些相关的知识点需要花一些时间去学习我也会非常愿意的,因为学会了之后能够帮助我省下很多时间。"

R09:"我希望有人可以教我们,也不一定非要系统教学,可以给我们一个图,展示一些个人存储做得很好的例子,让我们学习学习。"

R16:"我非常喜欢听一些数字材料保存得很好的人跟我讲解他是怎样保存资料的,我非常爱看那些很整洁的电脑,希望通过看他的电脑学到一些存储规律。"

4.1.4　个人性格

每个个体都拥有不一样的个性,在访谈中,许多人都提到是否会进行个人数字存档行为与每个人自身人格与个性有关。笔者发现能动性、执行力比较强的人更加倾向于主动进行个人数字存档行为,而做事拖沓、犹豫的人则相反。

因此,个人性格会对科研人员个人数字存档行为产生一定的影响。

R18:"保存数字材料这个事情就是跟自身性格有关系,做事积极主动的人更倾向于做,那懒散的人就不爱保存。"

R14:"我执行力很强,可能有很多人现在都会说 deadline 是第一生产力什么的,他们都喜欢拖拖拉,等到最后一刻才开始去做一些事情。但是我其实在很多时候不会愿意等到这个 deadline 之前才去做,我会提前把它给弄出来。其实我做任何事都是这样,不然我会焦虑。"

R12:"我对于整理文件,整理自己的事物方面会比较主动,因为数字时代自己的文件其实就是类似于自己的财物一样,我会很主动把它们好好地保存起来。"

R02:"有去云南做调研,在档案馆访谈完工作人员后回到宾馆,全都瘫在床上根本不想动。但是那个陈同学,她虽然也很累,但是她还是先打开电脑,马上把我们访谈的内容给归类整理出来了,但如果是我可能就会往后推迟,我不像她行动力那么强。"

R07:"其实我觉得我也是可以做得很好,但是可能是因为这个性格的原因吧,我这个人就是比较懒,半年做一次系统资料保存,那些比较勤快的人他们可能一个礼拜或者两三天就搞一次。"

4.1.5 个人习惯

个人习惯是科研人员进行过个人数字存档一段时间后形成了一种连续性的固定动作,对于他们而言这项行为是一件十分自然的事情,逐渐渗透在日常生活中成为相对固定的行为模式。通过深度访谈,许多人提到有时候保存数字材料,并没有考虑太多,就是一直保持这样的习惯,自然而然就会在材料生成后定期去做一下存档。或者空闲时,花费一定时间好好地对他们进行保存和整理。此时,他们并不是出于该数字材料对自己的价值或者其他因素考虑而对其进行保存,仅仅是出于习惯。

R07:"我觉得是个人习惯的问题,我喜欢没事就翻照片,如果我拍了我觉得特别好看的自拍,会单独放到一个文件夹里面自己存着,或者拍了特别好看的那种风景照,我也会单独建一个文件夹去存放它。"

R05:"有这样的习惯,就可以把零碎的知识点,或者是每天记录的那些东西,存成电子的形式,方便查阅。"

R20:"电脑中的资料累积到一定的数量就会比较杂乱,我会选择在寒暑假或者说一些周末假期,对其进行一些保存整理。"

R16:"主要是在写论文的过程中形成习惯了,会开始把一些 word 文档进行存储,从本科到现在差不多有八九年。"

R14:"自从有了笔记本电脑之后我就开始存储一些数字文件了,不仅是数字的,纸质的我一般也会存的,就是都会存下来。其实基本上不会看,只是觉得这样的东西删掉了就不会再有了,很可惜,就会存起来,我知道一定有价值。"

R15:"材料生成以后,会定期做一下存档,如果我不去单独存一下,心里不放心。"

R16:"我只要一有空闲的时间就会将一些数字文件进行保存整理,其实我喜欢看以前的一些东西,我保存很多东西,我都真的未必看,但是我就是一定会存,就有这种习惯。我不仅是存档,我对很多东西我都有这种收纳的习惯,我自己生成的数字材料,我就更是会全部做一个整体的归类。"

R10:"有时候也没多想这东西存下来有没有用啊,就是一直都这么存着呗,都已经形成习惯了,就像是成了一个固定性的动作。"

4.1.6　先前经验

先前经验是指科研人员是否有过进行个人数字存档行为的经历。本研究通过访谈发现,对于科研人员这个群体而言,他们往往会拥有更为强烈的存档需求,对存档这个过程中设计的存档工具、保存形式、是否能够便于查找等相关方面的要求也更高。部分科研人员会拥有一套自己的相对比较完善实用的存档方式和标准,他们在拥有先前经验的前提下,也会更倾向于继续使用之前自己比较熟悉的存档方式继续进行存档。

R19:"从上大学之后就开始存档,差不多有十多年的存档经验了。也算是经验丰富了,在这方面我试用过很多不同的方法,有了一些自己的这方面的心得体会,当然经验丰富的情况下,会更愿意去做这件事。"

R05:"我自己的存档存得比较多了之后效率就会提升很多,其实这个事情本身还是比较耗费精力的,特别你盯着屏幕去做的时候,你又不能干别的事情,又是个很枯燥的事情,然后又很耽误时间。如果工具使用得当的话,整个效率就会提升,时间就一次比一次短,一个很枯燥的事情就会变成一个很简单的事情。"

R22:"我现在掌握了一些保存技术,存储工具也用得越来越顺手。比如那个百度云其实出来也挺早的,时间很久了,但是可能我们刚开始对他没有那么了解,或者说这种云存储的概念不是特别广泛的时候,那我们可能还是用 U 盘或者移动硬盘比较多。但是后面你用了之后就会发现它真的就是一个很安全,然后很好用的一个云储存工具,然后它有很多 U 盘和移动硬盘替代不了的那种好,现在已经算是我最常用的存档工具了。"

R24:"我一直以来都是把我的一些资料存在 QQ 邮箱里,所以我会更愿意使用 QQ 邮箱来存储我的东西,用得比较多就更熟悉更顺手。"

4.1.7　自我效能

在本研究中自我效能是指科研人员对于自己是否能够很好地完成个人数字存档的感知。具有高自我效能的科研人员会更加倾向于发生个人数字存档行为。在深度访谈中,部分受访者表示自己对于做好个人数字存档十分有自信,这部分群体进行个人数字存档的频率也比其他受访者更高。

R09:"我有哪些资料需要存储,不太受到他人影响。因为大部分的资料我自己完全可以搞定,可以做得很好。我的管理方式是非常棒的。"

R13:"个人数字存档对象私密性比较强,我有哪些资料需要存储或者怎么存储,我自己都可以做得很好,不会因为别人说什么而改变我的想法。"

R19:"存档很容易啊,我觉得这个行为非常简单,我觉得我能够做得特别好。"

R01:"因为我是一个比较熟悉这些电子产品的年轻人吧,所以就是我能很好地去利用这些电子产品或者是一些新出现的存档工具,再结合我自身的这样的一个专业优势,就可以更好地将我的这些电子资料保存起来备以利用。"

4.2　任务视角

个人数字存档行为就是人和任务的交互过程。因此,除了个体因素,任务因素亦是科研人员个人数字存档影响因素的重要范畴之一。通过访谈发现,在进行个人数字存档任务中,科研人员会由于感知任务复杂性、感知可能会遭遇到的风险及完成任务过程中心流体验的影响,本研究中基于任务视角的影响因素主要有任务复杂性、感知风险与心流体验。

4.2.1　任务复杂性

通过访谈发现,个人数字存档过程中面临的一系列的困难和问题(例如重复存储、耗时过长、存储对象过多、分类与筛选困难及存档方式太多等),会对科研人员进行个人数字存档产生影响。尤其是一些年龄偏大的受访者,面对过于复杂的流程时会选择放弃。

R06:"我通过 QQ 传输,想把手机上的一部分文件传到电脑里,然后显示我那个文件太大了。然后我通过那个 U 盘拷贝,又告诉我这个格式不匹配,没有办法传,我只能一份一份地把它切成小份,然后压缩,一点点传,非常不方便。然后我就不存了,就放弃了。"

R16:"我觉得照片太多了的时候就会拖延,不想去干,觉得太难搞。真的是吧,就现在很多都没有怎么去好好存储整理照片,就是因为觉得好复杂,很费时间。这个东西确实如果要好好做一下存档什么的还蛮花时间的,所以我其实也一般懒得抽出很长的时间做。"

R12:"我不太会去用那些比较新的工具进行存档,因为里面有些功能不熟悉,感觉有点过于复杂了。"

R05:"存储方式太多了,电脑U盘、硬盘啦……保存在不同存档工具里面的文件格式可能也会有不同,听起来好像没什么,实际上却很难做好。所以很希望有一个综合性的存储工具。"

部分受访者也提到了重复存储是整个存档过程中对自己来说是面临的最麻烦的问题。

R11："最严重的我觉得是重复存储。因为比如说我按照文件分类来存,可能我这一个月内在不同的类别里产生了不同的文件,那样我就很难再备份到云端,或者是备份到我的硬盘里的时候,挑选出新的文件备份。所以我会选择把云端或硬盘的全部删除,我再重新覆盖备份,虽然这个很耗时,但是我至今没想出更好的办法。如果让我重新整一套分类的方法,我又觉得其实那样子对我来说代价也很高。"

R03："虽然我刚刚说的好像分得很明确,但是实际情况还是有部分重叠的。比如说我拍张照片,是关于某项活动的,但是我在存储过程中可能会把它给分到个人里面去,所以说可能有部分交叉。然后因为这个是我对这段时间的一个总结,所以我把它存储之后会放到一个新的位置里面去,但是新的东西加进来后,有的时候就并不清楚哪一个是最新的版本了。还存在一定程度的重复存储的问题,有时感觉自己做一个处理形成的东西并没有很多,所以并不需要特别节约存储空间,就两个版本都留着了。"

也有许多受访者表示在进行个人数字存档中面临的最大的困难就是不知道该如何进行筛选与分类。

R15："随意保存是很容易的,但是要好好进行存档是非常复杂的。对于该怎么分类,有时候非常难把控。我虽然熟悉一些电子设备,但是这个数字存档对我来说不是难在工具的使用上,而是针对我自身的存储计划。存档工具都差不多,也不是说会特别难用到哪里去,大不了就是快捷键我不知道怎么用,他不太会影响我的存储效果。真正影响我存储效果的是我脑子里的思想,这个跟外部其实关系不大。"

R02："每次旅完游回来都会想要把旅游中的好看的照片好好地保存整理一下,可是一想到有那么多照片,然后我还要去筛选,还要去分类,我就觉得头疼,真的是太费脑筋了,没有勇气开始,所以就常常把这个事情给搁置了。"

R08:"其实整理科研数字文档有个很麻烦的事情就是需要分类,然后分类就是这种标准有很多,可能随着你的工作内容变化,你还得分不同的类别。然后还有就是你可能有些还不知道该划分到哪一个类别里,或者需要重新列一个类别。作为一个科研工作者,肯定有很多文档需要好好保存整理,以方便使用。但却是这个分类的原因给我造成了一定的阻碍。"

R06:"从专业性上来讲,分类真的是一个挺麻烦的事情,不然怎么会有中图法呢。比如说我出去玩了,产生了特别多的照片,我是按照时间来分类,还是按照主题或者地点来分类呢,但是除了旅游中产生的照片,又可能要跟生活中的照片混在一起了。这样查看起来也很不直观啊,就是纠结得很,我是觉得存储中最大的困难就是分类了。"

4.2.2 感知风险

在对受访者进行访谈的过程中,笔者发现目前科研人员在进行个人数字存档过程中,最担心会面临的风险主要是隐私风险、丢失风险以及损坏风险。值得关注的是与其他从业工作者不同,科研人员会更加担忧知识产权问题,对于实验数据或者论文创新点泄露的担忧也直接对他们在云端进行个人数字存档产生了负向的影响。出于对这些风险的担忧,他们可能会选择放弃容易造成这些风险的存档方式,即便这种存档方式更加容易或者便捷。

R14:"像我们科研人员,有时会拍一些正在撰写的论文上传,如果在云端保存这些资料,就会担心万一资料泄露了怎么办。因为我们科研工作者必须创新,别人如果把你的 idea 抢先拿去发表了就非常恶劣了,会造成很大的损失,所以我一般不会把我的学术论文保存在云端。"

也有部分受访者表示非常担心载体的质量会有问题,导致文件损坏或者丢失。

R15:"我其实最担心的就是这个载体的质量,因为优盘硬盘这个东西你不好说,一下子很可能就不行了。我为了这个我还买了好几个硬盘套,防水的加棉的都买过。我很注意电脑的安全,开着机我都不敢随便抱着它乱晃,我觉得这个物理安全比较重要。"

R13:"正在工作的文件和非常重要的文件,一般要在本地和云端同时存好。只要是不涉密的,都会在云端进行一个存储,这样的话万一你电脑或者硬盘什么的出现了严重的问题,至少这些非常重要的东西还在,它不会对你的工作造成任何影响。"

R22:"U盘硬盘这些东西的质量实在是太不靠谱让人不放心了。前段时间我的U盘就坏了,里面资料都没了啊,就再也找不回来了,真的是伤透心了。"

数字文件的丢失风险也是受访者考虑的重要因素之一,受访者会尽量选择不容易丢失文件的存档方式对数字材料进行保存。

R07:"之前我用360云盘我真的是非常认真在分类保存,但是它说没有就没有了。然后微盘,也是说没有就没有了,都不会跟一些消费者打招呼,就没有了。我辛辛苦苦花费大量的时间存那么多东西就没了,真的非常郁闷。我因为安全性舍弃了云存储,这个算是比较方便的工具了。"

R17:"最主要担心的风险就是怕资料会丢失,像U盘移动硬盘这种东西我太容易丢了,我就不会把一些文件什么的保存在U盘移动硬盘。"

R20:"最担心的风险就是怕资料会丢失啊,一些十分重要的资料真的很担心会丢失,因为真的是太重要了。"

除了担心数字材料的丢失与损毁,几乎所有受访者都提到对于自己个人隐私的担忧,担忧自己的私人信息遭到泄露,以及科研论文和实验数据遭到剽窃。

R14:"打开百度网盘的时候它会弹出一个广告界面说希望可以把我们的证件存到它的一个证件文件夹里,对这个事情我有顾虑,绝对不会那么做。虽然它很方便,但是我坚决不会存一些私人的资料进去,尤其是银行卡号、身份证照片这些我绝对不会存进去。"

R04："百度云盘，我觉得他对用户隐私不够重视。如果说你的一些隐私的东西，在电脑中，比如说被黑客、被病毒入侵，那可能你的这个隐私也会被泄露。当然这个时候就需要你去采取这种预防的方式去避免自己的隐私泄露，就尽量避免选择这种方式保存自己的数字资料。"

R06："我不会在云端存一些私密性的东西，担心个人信息泄露。感觉网络上存的东西一直都有被监控。"

4.2.3　心流体验

本研究情境中，心流体验指科研人员在进行个人数字存档过程中，沉浸于任务本身从而忘记了时间的流动，对该项行为足够专业并且能够体会到其中的乐趣。在对受访者进行访谈的过程中，笔者发现有不少受访者表示，好好地进行一个较为系统的存档需要较长的一段时间，在整个保存和整理的过程中尤其是对一些数码照片和个人日记的整理过程中，他们常常会感觉时间过得很快，并且沉浸其中。这种情绪会让他们产生潜在的控制感，从而激发他们再次进行该项行为。因此，本研究认为心流体验会对科研人员个人数字存档行为产生一定影响。

R12："我是前阵子抽了一天的时间去做一个存档工作，真正做起来才发现这个过程是很享受的，我觉得就是很开心，第一它变得井井有条，第二就是你看到一些以往的东西也会回忆起来一些以前的事情，就很开心。所以我蛮愿意每隔一段时间抽空好好做下这个事情。"

R19："每次存档的时候就会觉得很有成就感，你看我这些东西都是我积累下来的东西，我拍的照片也好，还是我做的论文成果也好，把它们统统保存下来，我觉得很有成就感，都是我自己一点一滴的积累啊，我很享受、很喜欢做这件事情。"

R08："我有一次去自习室，然后想着把我的资料保存整理一下，然后我就开始对它们进行存储分类整理，结果弄完的时候已经晚上了，光顾着存储和整理了，回味啊回想啊。"

R05："资料整理肯定至少要花 1~2 个小时。并且整理的时候，可能会情不自禁地去翻看一些过去的材料,引发回忆,这样对我来说其实也算是一个比较有意思的一个过程吧。"

4.3　技术视角

除了个体与任务视角,技术与数字存档工具的使用同样会对科研人员个人数字存档行为产生一定的影响。本研究中基于技术视角的影响因素主要由感知易用性、感知有用性与技术环境的改变。

4.3.1　感知易用性

访谈中许多受访者都表示,倾向于使用简单易用的个人数字存档工具。更加省时省力,是他们选择个人数字存档工具的重要指标之一。多数受访者在同等条件下都会选择更为简单易用的存档方式,以及不需要花费更多成本就可以使用的存档工具。因此本研究中推测科研人员们的感知易用性会对他们的个人数字存档行为产生影响。

R16:"我喜欢用一些功能设置非常简单的存档工具,不用动脑筋思考,用起来一目了然。越简单越好,越傻瓜越好,如果太复杂了我就也不太愿意去了解它,我很喜欢用那些使用起来很容易的工具存档。"

R10:"云存储非常方便,可以在任何地方使用,不受限于设备,随时随地只要有网络就可以使用,太方便了。"

R04:"不收钱我就愿意使用,如果很贵,我可能就不使用了,价格也蛮重要的。"

4.3.2　感知有用性

除了感知易用性,个人在感知数字存档工具或者技术能够满足自己个人某些需求的情况下也会对科研人员个人数字存档行为产生影响。

R10:"现在有很多软件都可以在线记笔记,比方说这个印象笔记或者是苹果手机自带的备忘录功能,我会在这些软件上记录一些课堂笔记或者是看书心得,然后再进行一个存储。工具使用得当整个效率都会得到提升,我使用他们的频率就会很高。"

R05:"比如说一些这个学术性的一些材料,当我想用的时候,我可以第一时间把他找出来,就不会拖延我的学术效率。在网络笔记本当中进行一个存储就是为了在多个客户端实现随时利用。"

R14:"我其实一直有在做存档这个事情,但是就是会容易经常找不到我存过的一些资料什么的。然后我同学推荐让我可以用 NoteExpress 存文档,因为说是会比较方便检索,只要检索那个题名就可以很快就呈现出你要的那个文件。一开始我觉得有点奇怪因为一直都只是用它看文章没尝试过用它存档,后来我就试了一下,发现真的很方便。所以现在确实是有很多文档我都是会用 Note-Express 来进行一个存储。"

4.3.3 技术环境的改变

除了感知有用性与感知易用性,技术环境的改变对于科研人员个人数字存档行为也会产生一定的影响。访谈中,部分受访者提到信息技术更新换代迅猛,由于技术环境的改变而造成的用户界面、传输速度、存储空间等相关功能的更新迅速,这让他们更愿意进行数字存档了,或者开始尝试使用新的存储方式进行个人数字存档。

R13:"我觉得如果能像文件管理工具那样以图形化的形式呈现,并且用户界面更友好,那我会更愿意使用它。"

R01:"我们刚刚上大学的时候,没有百度云这种专门的存储的工具,但那时候有像'QQ空间'的那种也很方便,我们就会利用那些东西来进行存储。随着存储工具的发展,我们更离不开这些数字记录和数字存档了。"

4.4 对象视角

由于互联网的普及和各种记录生活的设备的出现与升级,各种个人数字材料(包括数码照片、电子文档、视频、音频、个人日记、电子邮件、个人学术资料等)以蓬勃的速度堆积在各种设备中,随着科研人员工作和生活的变化,这些个人数字材料会不断增长和更新,因此,需要及时对这些生成的数字材料进行甄别判断选择,剔除掉重复的信息,再对其中有价值的信息有选择性地保存,为后期的管理节省时间。科研人员在进行个人数字存档之前需要对个人数字材料进行鉴定甄别,他们进行个人数字存档行为的一个重要的原因就是他们认为这部分数字材料对他们来说有用,并希望在未来能够及时找到和使用它们,决定选择保存哪些个人数字材料主要取决于对这部分个人数字所拥有价值的判断。

对个人数字存档对象的价值感知是驱动科研人员进行个人数字存档的核心影响因素。通过深度访谈发现,科研人员在感知存档对象具有情感价值、凭证价值与参考价值的基础上,会直接对他们的存档行为产生影响。因此从对象视角看,影响科研人员个人数字存档行为的因素有感知情感价值、感知凭证价值与感知参考价值。

4.4.1　感知情感价值

通过访谈发现,受访者会由于感受到个人数字存档对象具有情感价值而对其进行存储。很多时候,即便一些个人数字材料也许并不具有参考价值与凭证价值,受访者出于记录下美好回忆和情感需求的原因也会对其进行保存。因此,感知情感价值会对科研人员个人数字存档行为产生影响。

R01:"一些跟我的朋友家人相关的记忆,我会把它存下来。虽然平时也很少看,但是觉得这样的东西删掉了就不会再有了,所以删掉很可惜,就会存起来,它是有情感价值的。"

R12:"虽然基本上不会用到,但是它对我有情感作用,我会出于情感去保留它。"

R15:"和家人相关一些合照,是很有意义的,毕竟它是能够对你的记忆有一个构建的作用,它代表了当时的你。"

R07:"把这些东西留下来,仿佛留住了我年轻的时光,我10岁的时候我就怎么样怎么样是吧,可以跟别人讲这件事情吹吹牛。第二就是可能想回忆一下自己当年在干什么,是一个回忆吧。看的时候可以想起那个时候发生过什么事情,然后那一段时间的一些想法呀或者新的历程,可以拿出来重温一下。"

4.4.2　感知凭证价值

部分受访者表示,会保存那部分能够证明自己身份的数字文件,或者那些消费单据和电子发票也会进行存储,用以作为日后的凭证。因此,科研人员感知个人数字存档对象的凭证价值会让他们产生个人数字存档行为。

R18:"我的一些学位证书什么的,我会把它扫描存起来,为了方便利用吧,生活中可能某个时刻你需要这些东西作为你的一个凭证的时候,如果他只需要复印件的话,你就不用再去拿这些东西复印了直接在电脑上打印就可以了。"

R19:"会保存那些可以佐证我的一些经历的文件。"

R08:"我个人很多资料都可以作为凭证,说不定哪天需要做自我介绍的时候,别人问你以前有过什么经历,你有相关的材料你要拿出来证明一下,我可以随时拿出来展示。"

4.4.3　感知参考价值

个人数字存档对象不仅仅对于受访者具有情感价值与凭证价值,更多受访者都提到,他们会保存个人数字材料的原因是觉得目前这部分材料对自己有用或者日后可能会有用,他们需要参考个人数字存档对象中的信息才能够完成一些工作或者任务。甚至一些人表示,即便自己非常不愿意去做这件事情,但由于它具有的参考使用价值,在情绪抵触的情况下也会"硬着头皮完成"。对于个人数字存档对象参考价值的感知让受访者"不得不做",可以看出,感知参考价值是科研人员进行个人数字存档行为的重要影响因素。

R03:"我并不会对所有个人数字材料进行存储。我自己有自己的划分标准。那些对我有使用和参考价值的材料我才会进行一个长期存储。"

R17:"对那些需要反复查阅,对工作有价值的文件我会好好保存,它对我的工作是不可或缺的,在当下阶段是最最重要的,非常需要这些信息。"

R16:"其实我自己真的并不喜欢做这件事情,甚至有时候有点反感。但又不得不做,因为我知道它们对我很重要,是非常有价值的,所以我硬着头皮也一定会做。"

受访者提到除了对于目前可以明确感知具有参考价值的个人数字材料会好好尽心存档外,对于一些可能具有潜在参考价值的数字材料,他们同样会进行存档。

R14:"不知道该不该存的我就都存,不会删除的原因就是觉得未来也许有用,只要它有价值你都会保存下来。"

R25:"一直就是觉得可能未来以后还会需要用到,所以像很多文档什么的就一直没有删掉。尽管它们占用了很大的空间,但是我认为以后可能会用得上,然后就想把它保存起来,以便日后参考使用。"

R19:"比如某些资料可能跟工作相关,为方便我日后想起来的时候,可以随时查阅到,所以有必要把它保存下来。"

5　科研人员个人数字存档行为
影响因素模型构建

在上一章中,笔者基于扎根理论对科研人员个人数字存档行为影响因素进行了分析,并构建了科研人员个人数字存档行为影响因素扎根理论模型。本章将在上一章扎根理论探索性研究的基础上,进一步进行实证研究。结合档案双元价值理论和相关文献对科研人员个人数字存档行为的影响因素进行探讨和假设,并构建科研人员个人数字存档行为的影响因素研究模型。

本章从个体视角、任务视角、技术视角与对象视角考察科研人员个人数字存档的影响规律。个体视角中,个人数字存档意识、个人数字存档能力和个人数字存档知识构成了个人数字存档素养的三个维度。本研究将构建科研人员个人数字存档行为影响因素"个人数字存档素养"的二阶模型。基于对象视角,从前文扎根理论分析可知,科研人员是在感知个人数字存档对象所具有的价值的前提,选择对其进行存储行为,感知情感价值、感知凭证价值与感知参考价值构成了科研人员感知个人数字存档对象价值的三个维度。因此,本研究将结合档案价值论探究并构建"感知价值"的二阶模型。构建具有更强大解释力度的科研人员个人数字存档行为影响因素模型,进一步明确各潜变量之间的关系。

5.1　研究假设的提出

5.1.1　个人数字存档素养

本书的研究情境中,个人数字存档素养指个人利用技术与工具保存个人数字材料的意识、能力与专业技能,是个人进行数字存档应具备的基本素养。科研人员个人数字存档素养主要体现在个人数字存档意识、个人数字存档能力与个人数字存档知识三个维度。科研人员的个人数字存档素养越高,会直接导致其进行个人数字存档行为。反之,如果个人数字存档素养较低,则会降低其个人数字存档行为倾向。由于本研究中,个人数字存档素养由个人数字存档意识、个人数字存档能力与个人数字存档知识三个维度所构成,那么个人在数字环境中所拥有的意识、能力和知识对信息行为的影响,在一定程度上也许能够预测个人数字存档素养对个人数字存档行为的影响。目前,个人信息环境中的意识、能力和知识对一些信息行为的影响,已有许多学者进行了实证研究。比如赵悦研究发现,微博用户信息管理会受到其个人信息管理能力的显著影响,且个人信息管理能力对用户感知信息管理的有用性和易用性产生正向影响,进而进一步促进信息搜寻行为和信息行为。[1] 郭学敏探索了个人数字存档行为的中介效应,研究结果发现,个人数字存档意识与个人数字存档能力相互影响,而他们又共同对个人数字存档行为产生显著影响。[2] 其中个人数字存档意识与个人数字存档能力皆为本研究情境中个人数字存档素养的两个主要维度。周瑛和刘越考察了大学生数字信息备份的影响因素,研究发现大学生的数据备份意识是其数字信息备份行为首要影响因素。[3] 张帅等同样考察了个人数字信息备份的影响因素,通过扎根理论对个人信息备份工具使用的影响因素进行了探测性研究,发现许多受访者都认为对备份工具的操作能力使他们感受到自己正在进行的行为受到自己的控制,从而促进备份行为的发生,同时受访者们的备份意识亦是进行备份十分重要的促进因素。[4] 个人数字存档同样是将个人认为重要的数字信息进行保存归档,某种程度上与备份的内涵相同,因此本研究推测存档意识与存档能力同样对个人数字存档有直接促进作用。

科研人员在网络搜寻信息的过程中,会经常性遇到一些对自己有用的信息,然后经过编辑加工进行保存以便日后的使用。对偶遇过后的信息的编辑和保存行为与个人数字存档的内涵一致。个人数字存档素养指个人利用技术与

①　赵悦. 微博用户信息管理的行为影响因素研究[D].哈尔滨:黑龙江大学,2017.

②　郭学敏.个人数字存档行为中介效应实证研究——基于中国网民的随机问卷调查[J].档案学通讯,2018(5):17-25.

③　周瑛,刘越.大学生数字信息备份行为的影响因素研究[J].情报探索,2018(1):17-22.

④　张帅,王文韬,占南.个人信息备份工具使用意愿影响因素研究[J].图书馆学研究,2018(3):59-65+11.

工具保存个人数字材料的意识、能力与专业技能，是个人进行数字存档应具备的基本素养。信息素养是个人利用信息技术检索、理解、评价和创造信息的能力，需要具备认知技能与专业技能。信息素养强调个人在信息交互过程中表现出的知识、能力和态度，一些学者认为数字素养是数字公民在数字环境中所需要具备的基本素养，信息意识与信息社会论文同样被纳入信息素养的内涵之中。因此，从信息素养对一些信息行为的影响的实证研究结果中，能够推测个人数字存档素养对个人数字存档行为的影响。信息素养对信息偶遇行为的一些影响因素，许多学者也进行了探索和验证。郭海霞考察了个人在网络浏览中信息偶遇的影响因素，研究发现具有较高信息素养的人有更高的对信息的认知能力且对于基础的多媒体工具都能够熟悉使用，所以他们更容易发生信息偶遇行为。[①] 田梅通过扎根理论方法研究发现，个人信息能力与个人信息意识是信息素养的两个重要组成部分，而个人信息能力同时会让个体感知行为控制，并且造成较高的自我效能。[②] 张倩研究发现，学术用户对偶遇的学术信息编辑保存并未来加以利用的行为，与学术用户的信息能力、信息意识和知识背景息息相关。[③] 阳玉堃和黄椰曼考察了社交网络环境中的信息偶遇行为，研究结果表明，信息素养显著影响信息偶遇。信息素养更高的用户更加善于发现网络中潜在的有用信息，挖掘其内在价值。[④] 田梅考察了移动互联网用户信息偶遇的影响因素，通过半结构化访谈发现，信息偶遇会受到个人信息素养的显著影响，并建议日后需要注重提升个人信息意识及注重对新兴个人信息管理工具的使用。[⑤] 管家娃等考察了社会化搜索下的信息偶遇行为，研究认为，社会化搜索情境中的个人信息素养是指用户的信息搜索能力、对信息偶遇的敏感度和用户的信息习惯，结果显示这三个因素对信息偶遇行为有正向影响。[⑥] 韩璐考察了研究在搜寻科研信息过程中信息偶遇行为的影响因素，由于科研人员科研信息搜

① 郭海霞.网络浏览中的信息偶遇调查和研究[J].情报杂志,2013,32(4):47-50+62.

② 田梅.网络浏览中偶遇信息共享行为影响因素扎根分析[J].图书与情报,2015(5):117-122.

③ 张倩.学术用户网络信息查寻中的学术信息偶遇行为研究[D].重庆:西南大学,2015:21.

④ 阳玉堃,黄椰曼.社交网络环境下用户信息偶遇行为影响因素研究[J].数字图书馆论坛,2017(6):65-72.

⑤ 田梅.移动互联网信息偶遇过程及影响因素研究[D].南京:南京大学,2018.

⑥ 管家娃,张玥,赵宇翔,等.社会化搜索情境下的信息偶遇研究[J].情报理论与实践,2018,41(12):14-20+40.

寻需求十分旺盛,偶遇信息成为信息获取的重要补充。研究发现,科研人员的对信息的认知能力和信息偶遇意识会对科研人员信息偶遇行为产生显著影响。[①]

结合前一章科研人员个人数字存档影响因素扎根理论模型与原始访谈文本中的访谈内容,可以知道,科研人员往往在拥有更好的个人数字存档意识、个人数字存档能力和具备相关个人数字存档知识的情况下,会更加容易产生个人数字存档行为。

因此,本研究提出如下假设:

H1:个人数字存档素养对科研人员个人数字存档行为有正向影响。

5.1.2　主动性人格

在前文扎根理论研究中,发现科研人员个人数字存档行为会受到个人性格的影响。笔者进一步查阅与个人性格与人格特质相关的文献,对比扎根理论阶段的原始访谈文本,确定了具有主动性人格特质这一性格特征的人群,更倾向于主动积极地进行个人数字存档行为。主动性人格是一种性格特征,拥有主动性人格的个体主动采取行动,改变外界环境的制约。[②] 他们在面对挑战时,会想方设法积极面对,通过各种方法改变现状从而达到目的。Jaswant 和 Naveen 研究发现,具有主动性人格的人会更加主动、进取和自信。[③] 当科研人员在面对个人数字存档过程中的各种问题和挑战时,主动性人格的人会更加积极地寻求各种方法去解决问题,从而更加完善地保存自己的数字材料。而非主动性人格的个体,在面临困难和挑战时则容易被动地接受现状。

主动性人格这一变量与一些主动性行为之间的关联已在大量的研究中得到了验证。例如,Lodahl 和 Kejner 通过研究发现,主动性人格的人会在执行某项任务时更投入并且具有执行力,通过主动调节环境、任务内容和自身态度,使得该项任务能够不断地达到自己满意的程度和状态。[④] Chan 发现,与人的能动

① 韩璐. 研究生科研信息获取中信息偶遇影响因素研究[D]. 郑州:郑州大学,2018.

② Bateman T S, Crant J M. The Proactive Component of Organizational Behavior:A Measure and Correlates[J]. Journal of Organizational Behavior, 1993, 14 (2):103-118.

③ Jaswant V, Naveen K. Job Stress and Job Involvement among Bank Employees[J]. Indian Journal of Applied Psychology, 1997, 34 (2), 33-38.

④ Lodahl T M, Kejner M. The Definition and Measurement of Job Involvement[J]. Journal of Applied Psychology, 1965, 49 (1):24-33.

性(Human Agency)相关的人格特质会导致充分的工作投入。① 高主动性人格会使得个体更加积极地投入所进行的任务中。王胜男考察了主动性人格对于工作投入的影响因素,研究发现,主动性人格对于工作投入有显著正向影响。② 刘伟国和施俊琦考察了主动性人格对工作投入的影响,发现主动性人格对工作投入具有显著预测作用,即高主动性人格特质的群体,通常会比其他群体表现出对工作更多的投入。③ 主动性人格的人会不断强化自己对某项任务的认同感。陈国权和陈子栋考察了个人主动性人格对其学习能力的影响,对企业中236份员工的数据进行了分析,发现企业员工的主动性人格对其学习能力有显著正向影响,且员工的主动性人格会显著强化员工工作卷入。④ 屠兴勇和林玎璐考察了主动性人格与解决问题的能力之间的关系,研究表明,主动性人格与问题解决能力呈显著正相关。⑤ Minya 等人研究发现,与低主动性人格的人相比,高主动性人格的人具有更高的心理安全水平,从而对主动建言有间接正向影响。⑥ 马超考察了主动性人格对工作投入的影响,研究发现,拥有高主动性人格的个体,更能够使用进行各种任务时所面临的压力,能够应对挑战,在面对挑战时能够依然保持热情和活力去积极应对,寻求解决问题的方法最终顺利地完成任务。⑦

本研究中,个人数字存档行为是指个体主动通过不同的方式保存自己的数字材料的行为,可以看出,该行为具有明显的主动性。在扎根理论分析中,也有

① Chan D. Interactive Effects of Situational Judgment Effectiveness and Proactive Personality on Work Perceptions and Work Outcomes. [J]. Journal of Applied Psychology, 2006,91(2):475-481.

② 王胜男. 主动性人格与工作投入:组织支持感的调节作用[J]. 中国健康心理学杂志,2015,23(4):524-527.

③ 刘伟国,施俊琦. 主动性人格对员工工作投入与利他行为的影响研究——团队自主性的跨水平调节作用[J]. 暨南学报(哲学社会科学版),2015,37(11):54-63+162.

④ 陈国权,陈子栋. 个体主动性人格对学习能力影响的实证研究[J]. 技术经济,2017,36(4):38-45.

⑤ 屠兴勇,林玎璐. 主动性人格、批判性思维与问题解决能力的关系研究[J]. 社会科学,2018(10):38-48.

⑥ Minya Xu, Xin Qin, Scott B. Dust, Marco S. DiRenzo. Supervisor-Subordinate Proactive Personality Congruence and Psychological Safety: A Signaling Theory Approach to Employee Voice Behavior[J]. The Leadership Quarterly,2019,30(4):440-453.

⑦ 马超. 主动性人格对工作投入的影响:工作要求与资源的调节作用[D]. 成都:电子科技大学,2019:18.

许多受访者提到由于自己是属于行动力与执行力特别强的人,所以往往会较不具备主动性人格的那部分人更容易产生个人数字存档行为。结合上述分析与上一章通过扎根理论结果,笔者认为,具有高主动性人格的科研人员会更加主动积极地进行对个人数字材料的保存和整理,寻求更完善的个人数字存档工具,以便更有利于对工作效率的提升。

因此,本研究提出如下假设:

H2:主动性人格对科研人员个人数字存档行为产生正向影响。

5.1.3 个人习惯

习惯是一种由于多次重复而渗透在日常生活中相对固定的行为模式①,会演化某些情况下的自动反应。② 在本研究情境中,个人习惯可以理解为科研人员在进行个人数字存档过一段时间后形成的一种固定行为,对于他们而言进行个人数字存档是一件十分自然的事情。习惯对于信息行为的影响在不少研究中都已经得到了验证。比如,Boardman 和 Sasse 研究发现,用户的个人习惯会对个人信息的组织产生直接影响。③ Limayem 等指出,习惯对信息系统使用行为有不可忽视的影响。④ 在科研人员的个人数字存档行为中,免不了对信息系统进行使用,所以同样也会受到习惯的影响。Pee 等考察了个人习惯对非工作相关中计算机使用的影响,研究发现,个人习惯对于非工作中计算机使用行为同样具有重要影响。⑤ 在本研究情境中,许多科研人员的个人数字存档要在计算机中完成,因此也同样可得其对个人数字存档具有同样的影响。赵青等人研究发现,用户的个人习惯会通过惯性的作用,使得网络产生某种黏性倾向,进而显著地正向影响网络用户的持续使用意愿。⑥ 陈瑜等人研究发现,用户信息系统

---

① (苏)克鲁捷茨基.心理学[M].北京:人民教育出版社,1984:93.

② Verplanken B, Knippenberg V A, Aarts H. Habit, Information Acquisition, and the Process of Making Travel Mode Choices[J]. European Journal of Social Psychology, 1997, 27(5):539−560.

③ Boardman R , Sasse M A . "Stuff goes into the computer and doesn't come out": a cross−tool study of personal information management[C]// Conference on Human Factors in Computing Systems. DBLP, 2004.

④ Limayem M, Hirt S G, Cheung C M. K. How Habit Limits the Predictive Power of Intention: The Case of Information Systems Continuance[J]. Mis Quarterly, 2007,31(4):705−737.

⑤ Pee L G, Woon I M Y, Kankanhalli A. Explaining non−work−related Computing in the Workplace: A comparison of alternative models[J]. 2008. Information &Management, 2008,31(4):705−737.

⑥ 赵青,张利,薛君.网络用户黏性行为形成机理及实证分析[J].情报理论与实践,2012(10):25−29.

使用习惯对用户持续使用意愿有显著正向作用,且习惯作为重要的中介,在满意度、系统使用便捷性、系统使用重要性、便利条件等影响因素对用户信息系统使用习惯的影响中有中介作用。① 王建亚和程慧平研究发现,用户的个人习惯会影响对云存储的采纳,即使在感觉云存储有用的情况下还是会选择自己所习惯的传统存储设备,而不愿意尝试新技术。因此,个人习惯对于用户使用行为有重要影响。② 王哲以知乎为例,考察了社会化问答社区用户持续使用意愿的影响因素,基于 ECM-IT 模型的基础引入习惯作为持续使用意愿与行为之间的调节变量,研究发现,习惯对持续使用意愿和使用行为之间有负向调节作用,但是习惯对于持续使用行为有显著的正向影响。③ 刘丽群和李轲研究发现,习惯是多终端使用动机之一会对使用行为造成积极影响。④ 韩子鹤考察了用户持续使用档案微信公众号的影响因素,研究发现,用户习惯会对用户持续使用档案微信公众号产生显著积极作用。⑤ 孟韩博研究发现,习惯对于用户在线知识服务平台的持续使用意愿有显著正向影响。⑥

上述研究都印证了习惯对于用户信息行为的影响,个人数字存档作为一种典型的信息行为,不可避免也会受到个人习惯的影响。结合前文中扎根理论中的原始访谈文本,可以看出,部分科研人员在一些无意识的情况下也会进行个人数字存档行为,有时候他们存储自己的数字材料并没有特殊目的,更多人提到这已成为"一种惯性",他们并不是出于该数字材料对自己的价值或者其他因素考虑而对其进行保存,仅仅是出于习惯。因此本研究推测,科研人员对个人数字材料的存储习惯会直接影响其个人数字存档行为。

因此,本研究提出假设:

---

① 陈渝,毛姗姗,潘晓月,等.信息系统采纳后习惯对用户持续使用行为的影响[J].管理学报,2014,11(3):408-415.

② 王建亚,程慧平.个人云存储用户采纳行为影响因素的质性研究[J].情报杂志,2017,36(6):181-185.

③ 王哲.社会化问答社区知乎的用户持续使用行为影响因素研究[J].情报科学,2017,35(1):78-83+143.

④ 刘丽群,李轲.多终端使用动机与使用行为的关系研究[J].新闻与传播评论,2018,71(3):44-54.

⑤ 韩子鹤.档案微信公众号的用户持续使用意愿研究[D].西安:西北大学,2019.

⑥ 孟韩博.考虑用户知识特征的在线知识服务平台用户持续使用意愿研究[D].济南:山东大学,2019.

H3：个人习惯对科研人员个人数字存档行为有正向影响。

5.1.4 先前经验

先前经验（Prior Experience，PE）指的是个人在先前的经历中所获得的知识与技能，被认为与行为有显著相关性。[①] 在本书研究情境中，先前经验表征的是个体对个人数字存档行为的熟悉程度。先前经验可以使得学习者更加容易获得知识，使得学习者具备相应的知识和能力，更加容易适应各种变化。Taylor 和 Todd 认为，先前经验对于感知有用性和感知易用性都起到中介调节作用，且与行为意愿有显著正相关。[②] Karahanna 等人通过实证研究证实了先前经验与企业信息系统接受与持续使用呈正相关。[③] Clark 发现任务的新颖性会对个体的自我效能产生影响，个体对任务的熟悉程度或者任务对于个体而言的新颖度会影响个体的自我效能和心理努力投入程度。[④] 例如，当个体开始进行一个熟悉的任务时，其自我效能判断较高，根据自己所拥有的先前知识经验，他会认为自己具备足够的知识和技能来完成该项任务。而面临一个新的任务时，个体发现自己无法立即使用过去所拥有的知识和技能完成该任务，需要动用的心理资源增加，当需要动用的心理资源超过了其工作记忆的容量，个体自我效能下降，继而减少心理努力的投入。[⑤] Yun 等考察了在网络环境下，先前经验对消费者网购行为的影响因素，研究发现，先前经验会对消费者通过各种网络工具对产品进行搜索、分析和比较的行为产生影响，且对于信用品而言，消费者的年龄和先

① Fife-Schaw C, Sheeran P, Norman P. Simulating Behaviour Change Interventions based on the Theory of Planned Behaviour: Impacts on Intention and Action[J]. British Journal of Social Psychology, 2007, 46(1): 43-68.

② Taylor S, Todd P. Assessing IT Usage: The Role of Prior Experience[J]. MIS Quarterly, 1995, 19(4):561-570.

③ Karahanna E, Chervany S N L. Information Technology Adoption Across Time: A Cross-Sectional Comparison of Pre-Adoption and Post-Adoption Beliefs[J]. MIS Quarterly, 1999, 23(2):183-213.

④ Clark R. E. Yin and Yang Cognitive Motivational Process Operating in Multimedia Environments [D]. Paper presented at the Open University of the Netherlands, Heerlen, Netherlands,1999:33-36.

⑤ Gimino A E. Factors that Influence Students' Investment of Mental Effort in Academic Tasks, A Validation and Exploratory Study[D]. Unpublished Doctoral Dissertation. Los Angeles, University of Southern California,2000:23-27.

前经验会产生交互作用。① 蔡蓉考察了影响大学生网络自我效能感的因素,实证研究证明,大学生的网络经验对其网络自我效能感有显著影响。网络经验越丰富的学生在上网时网络的掌握程度相对较高,所以其在接触计算机及进行相关的网络活动和完成相关的任务时的压力和不适感就越低。因此,网络经验的丰富可以提升大学生的网络效能感。②

吴玉华和屈文建研究发现,拥有先前经验的高校教师能够更加了解哪些网站能够搜寻到与自己学科最相关的资源,哪些网站可以解决自己在科研中遇到的问题,在拥有了多次的搜寻经验后,拥有先前经验的高校老师能够形成一种最适合自己的行为习惯,从而影响未来的资源获取行为,研究结果证明,先前经验对感知易用性有显著正向影响,而感知易用性对使用意向同样有显著正向影响,且先前经验也直接对使用意向产生显著正向影响。③ 个人数字存档的对象同样包括整理编辑过的学术资源,因此推测在先前经验与个人数字存档行为之间也许存在一定关联。程慧平和王建亚研究发现,云存储用户的使用年限和经验会对其使用意愿产生影响。④ 而云存储是个人数字存档主要的方式之一,具备先前经验的个体会相对具备更多相应的知识和能力,对一些个人数字存档工具也更为熟悉,更加容易适应各种变化,对自己能够很好地完成个人数字存档具有一定把握,更容易产生个人数字存档行为。杨隽萍等考察了先前经验、社会网络与创业风险识别之间的关联,研究发现,创业者的先前经验对创业者的风险识别有正向影响,且先前经验对结构洞与获取信息的数量之间有调节作用。⑤ 周键提出,先前经验对网络相关能力具有正向相关。⑥ 靳丽遥等人研究发现,创业者先前经验对信息资源有显著正向影响,信息资源在先前经验与创

① Yun W, Makoto N, Norma S. The Impact of Age and Shopping Experiences on the Classification of Search, Experience, and Credence Goods in Online Shopping[J]. Information Systems and e-Business Management, 10(1):135-148.

② 蔡蓉. 大学生网络自我效能感:结构、测量及相关因素[D]. 长沙:中南大学,2012:43.

③ 吴玉华,屈文建. 高校教师学术资源获取行为研究[J]. 图书馆学研究,2015(3):56-62+83.

④ 程慧平,王建亚. 用户特征对个人云存储使用的影响[J]. 现代情报,2017,37(5):19-27.

⑤ 杨隽萍,于晓宇,陶向明,等. 社会网络、先前经验与创业风险识别[J]. 管理科学学报,2017,20(5):35-50.

⑥ 周键. 创业者社会特质、创业能力与创业企业成长机理研究[D]. 济南:山东大学,2017:68.

业机会识别之间起中介作用。① 韩佳雪认为学习者的先前经验水平会影响学习中的效果和注意分配,并基于认知负荷理论发现,先前知识经验水平会对知识保留和知识迁移有显著正向影响,会显著影响学习者的学习效果,且先前经验对认知负荷有显著影响。② 汪忠等研究发现,创业者先前经验对社会企业绩效有显著正向影响,先前经验的积累能够提升创业能力。③

具备先前经验可以让科研人员拥有更加完善的个人数字存档方式,熟悉更多更好的个人数字存档工具,并且具备相关所需要的知识与能力,从而让他们对个人数字存档更有把握,相信自己能够很好地完成对自己数字材料的存储。结合上一章扎根理论的分析,对于科研人员这个群体而言,他们往往具有更为强烈的存档需求,对存档这个过程中设计的存档工具、保存形式、是否能够便于查找等相关方面的要求也更高。科研人员很多都有属于自己的一套比较完整的存档标准,他们在拥有先前经验的前提下,也会更倾向于继续使用之前自己比较熟悉的存档方式继续进行存档。本研究推测,先前经验可能会对科研人员个人数字存档行为产生影响。

因此,本研究提出如下假设:

H4:先前经验对科研人员个人数字存档行为有正向影响。

5.1.5 自我效能

Bandura 认为自我效能是指人们对某一个任务是否能够顺利完成的认知,具有高自我效能的个人在完成任务时会拥有良好的心态,从而促进任务顺利完成。④ 人类的行为会受到相应的知识、技能与能力的制约和影响,人们的行为同样需要目标的激励,而自我效能就是支配人类行为的重要力量。人们的行为取向和对任务的选择会受到自我效能的影响,人们通常会避开超过自身能力范围

---

① 靳丽遥,张超,宋帅.先前经验、信息资源、政策环境与创业机会识别——基于三峡库区移民创业者的调研分析[J].西部论坛,2018,28(4):116-124.

② 韩佳雪.教学视频中线索类型与学习者先前知识经验水平对其学习效果的影响[D].武汉:华中师范大学,2018.

③ 汪忠,严毅,李姣.创业者经验、机会识别和社会企业绩效的关系研究[J].中国地质大学学报(社会科学版),2019,19(2):138-146.

④ Bandura A. Self-efficacy: toward a Unifying Theory of Behavioral Change. [J]. Advances in Behavior Research & Therapy, 1977, 84(4):139-161.

的任务,而选择那些自认为能够胜任的任务。[1]

在本书的情境中,自我效能是指,科研人员在进行个人数字存档时,对于自己能否顺利完成的感知。当个体的自我效能越强时就更容易产生个人数字存档行为。自我效能对信息行为的影响在已有研究中已得到了验证。例如,Tsai 等探讨了自我效能对学生信息查询行为的影响,指出自我效能对学生信息查寻起正向作用且能促使学生在网络学习任务中学到更多的知识。[2] Thatcher 等认为自我效能对于感知易用性都有正向影响。[3] Tsai 等人发现自我效能对初中生使用互联网有正向影响。[4] 李枫林和周莎莎指出,自我效能是个人对自身能力的判断,并验证了自我效能对虚拟社区用户分享行为具有显著正相关。[5] Nikolaos 研究发现,网络课程中的计算机自我效能感、元认知自我调节和自尊与学生的认知和情感投入因素呈正相关。[6] 周耀林和张露基于解构行为理论对档案门户网站的建设进行了分析和论述,认为自我效能、技术便利条件和资源便利条件通过影响感知行为控制而间接影响其使用行为。[7] 占南认为,科研人员自我效能对其个人学术信息管理行为意向和态度呈正相关。[8] 崔娜娜考察了移动学习用户的接受行为,研究发现自我效能正向影响感知易用性,而感知易用性显著正向影响移动学习 APP 使用行为意愿。[9] 张丽娟考察了影响网络用户信息获取行为的影响因素,研究发现自我效能对网络用户准确表达信息、有效选择

① 王振宏.学习动机的认知理论与应用[M].北京:中国社会科学出版社,2009:63-64.

② Tsai M , Tsai C C . Information Searching Strategies in Web-based Science Learning: the Role of Internet Self-efficacy[J]. Innovations in Education and Teaching International, 2003, 40(1):43-50.

③ Thatcher J B , Zimmer J C , Gundlach M J , et al. Internal and External Dimensions of Computer Self-Efficacy: An Empirical Examination [J]. IEEE Transactions on Engineering Management, 2008, 55(4):628-644.

④ Tsai M , Tsai C C. Junior High School Students' Internet Usage and Self-efficacy: A re-examination of the gender gap[J]. Computers & Education,2010,54(4):1182-1192.

⑤ 李枫林,周莎莎.虚拟社区信息分享行为研究[J].图书情报工作,2011,55(20):48-51.

⑥ Nikolaos P. The Influence of Computer Self-efficacy, Metacognitive Self-regulation and Self-esteem on Student Engagement in Online Learning Programs: Evidence from the Virtual World of Second Life[J]. Computers in Human Behavior,2014(2):157-170.

⑦ 周耀林,张露.基于解构计划行为理论的档案门户网站建设剖析[J].档案学研究,2015(2):56-61.

⑧ 占南.科研人员个人学术信息管理行为研究[D].武汉:武汉大学,2015:88.

⑨ 崔娜娜.移动学习用户的接受行为及其实证研究[D].武汉:华中师范大学,2017:32.

信息和有效吸收信息有正向影响。[①] 陈远等从用户特征、系统特征和使用特征的视角对图书馆服务功能 IT 消费化用户采纳意愿进行了研究,基于整合感知控制理论、个体创新性理论发现自我效能会间接影响图书馆服务功能 IT 消费化用户采纳意愿。[②] 吴丹和刘春香基于一般性信息行为理论考察了不同场景下,自我效能感对跨设备搜索的激励作用,研究发现地理位置、时间、心理状态和设备性能四个指标的自我效能感均对跨设备搜索有显著正向影响。[③] Kuo 和 Belland 对美国成年学生使用计算机和网络的自我效能感与学业自我效能感之间的关系进行了研究,研究发现与高级电脑技能或互联网任务(例如加密/解密和系统操作)相比,成年学生在执行基本电脑或软件技能和互联网浏览操作方面表现出更高的信心。在不同的学习者之间,计算机自我效能感和网络自我效能感有很大差异。计算机自我效能感和网络自我效能感都是学业自我效能感的显著预测因子。[④] 孟韩博通过研究发现,自我效能直接正向影响用户对在线知识服务平台的持续使用意愿。[⑤]

结合以上分析与上一章扎根理论分析得出的结果可以发现,部分受访者表示自己对于做好个人数字存档十分有自信,这部分群体进行个人数字存档的频率也比其他受访者更高。具有高自我效能的科研人员会更加倾向于发生个人数字存档行为。

因此,本研究提出如下假设:

H5:自我效能对科研人员个人数字存档行为有正向影响。

5.1.6　任务复杂性

任务复杂性(Task Complexity,TC)是指人与任务之间的交互影响,[⑥]任务复

①　张丽娟. 基于用户信息获取行为的网络信息过载防控机制研究[D].郑州:郑州大学,2017:20.

②　陈远,杨吕乐,张敏.图书馆服务功能 IT 消费化的用户采纳意愿分析——基于使用特性、用户特性和系统特性的分析视角[J].图书馆工作与研究,2017(8):36-44.

③　吴丹,刘春香.基于情境的跨设备搜索需求研究[J].情报资料工作,2018(1):45-52.

④　Kuo Y C , Belland B R . Exploring the Relationship between African American Adult Learners' Computer, Internet, and Academic Self-efficacy, and Attitude Variables in Technology-supported Environments [J]. Journal of Computing in Higher Education, 2019. 31 (3):626-642.

⑤　孟韩博. 考虑用户知识特征的在线知识服务平台用户持续使用意愿研究[D].济南:山东大学,2019:28.

⑥　Campbell D J . The Interactive Effects of Task Complexity and Participation on Task Performance:A Field Experiment[J]. Organizational Behavior & Human Decision Processes, 1986, 38(2):162-180.

杂性会影响任务完成的效果。Jones 等人认为任务复杂性是指在面对一项任务时所需要的专业性的投入。[①] Maynard 和 Hakel 认为，任务复杂性主要由两方面组成，一方面是任务本身的复杂程度，另一方面是个体在完成该项任务时自己本身对该任务复杂度的认知。[②③]

在本研究情境中，任务复杂度是指科研人员在完成个人数字存档任务时所需要投入的时间、精力和专业性资源的程度。任务复杂性会导致人体感受行为无法控制从而负向影响行为意愿。例如，黄昱方等调研了 45 个虚拟团队，考察任务复杂性在虚拟团队交互记忆系统对团绩效的影响中的调节作用，研究发现，任务复杂性在虚拟团队交互记忆系统对团绩效的影响中起到负向调节作用。[④] Liang 等认为，由于一个人的认知能力是有限的，个体可能不愿意花费资源对一个复杂的任务进行探索，任务复杂性会造成知识障碍，个人需要开发新的技能来克服这些障碍。因此这种任务复杂性会导致个人犹豫，所以他们认为任务复杂性会对系统探索产生负影响。[⑤] 关于任务复杂性对个体行为的影响，在实证研究中也被学者证明过。蔡成龙考察了任务复杂性对研究生信息行为的影响，实证研究发现任务复杂性对研究生信息利用行为和信息检索途径都有显著影响。[⑥] Sun 等指出，任务复杂性对自我效能起中介调节作用。[⑦] 张中奎基于认知负荷理论的视角，表示外部环境与任务特征构成了网站复杂性，网站复杂性越高，消费者的使用难度也会随之增加，消费者与网站交互越困难导致获取信息更困难，认知负荷就越高。网站复杂性对消费者认知负荷有显著负向影

① Jones C, Hesterly W S, Borgatti S P. A General Theory of Network Governance：Exchange Conditions and Social Mechanisms[J]. Academy of Management Review, 1997, 22(4)：911–945.

② Maynard D C, Hakel M D. Effects of Objective and Subjective Task Complexity on Performance[J]. Human Performance, 1997,10(4)：303.

③ Seijts G H, Latham G P. The Effects of Distal Learning, Outcome, and Proximal Goals on a Moderately Complex Task[J]. Journal of Organizational Behavior, 2001,22(3)：291–307.

④ 黄昱方,陈成成,张璇. 虚拟团队交互记忆系统对团队绩效的影响——任务复杂性的调节作用[J]. 杭州:技术经济,2014,33(7)：9–16.

⑤ Liang H, Peng Z, Xue Y, et al. Employees' Exploration of Complex Systems：An Integrative View[J]. Journal of Management Information Systems, 2015, 32(1)：322–357.

⑥ 蔡成龙. 基于个体特征和任务复杂度的研究生信息行为研究[D]. 南京:南京大学,2014:50.

⑦ Sun Y, Wang N, Yin C, et al. Understanding the Relationships between Motivators and Effort in Crowdsourcing Marketplaces：A Nonlinear Analysis[J]. International Journal of Information Management, 2015, 35(3)：267–276.

响,从而进一步对消费者在网站中的购买意愿产生负向影响。[①] 尹奎和刘娜考察了工作意义、任务互依性、工作重塑与任务复杂性的调节作用,研究发现,任务复杂性负向调节工作重塑与工作意义的关系,低任务复杂性情境中工作重塑对工作意义影响更强。[②] 董青杉考察了任务复杂性在自我效能对知识共创中的调节作用,研究发现任务复杂性在互联网自我效能与内向型知识共创中起调节作用,而对外向型知识共创,只在反应性自我效能对其之间起调节作用。[③] 王冬冬等人研究发现,任务复杂性对员工工作激情有显著正向影响。[④] 刘丰军等人以 Wikipedia 为例,考察了在线知识社区协作冲突影响因素,研究发现任务复杂性能够正向调节知识异质性、隐匿性与协作冲突之间的关系。[⑤]

结合上一章扎根理论模型,笔者认为,个人数字存档行为是信息行为的一种,个人在进行数字存档的过程中,由于个人数字存档工具的复杂程度、个人数字存档对象的数量巨大、对数字材料的筛选分类困难等因素会给他们带来一定的挑战,从而进一步对其进行个人数字存档行为产生负面影响。基于上述分析本研究推测任务复杂性可能会对个人数字存档态度产生一定负向影响。

因此,本研究提出如下假设:

H6:任务复杂性对科研人员个人数字存档行为有负向影响。

5.1.7　感知风险

1960 年,雷蒙德·鲍尔(Raymond Bauer)首次从心理学领域将感知风险这一概念引入市场营销领域的研究,他认为对于感知风险最初的定义是,顾客在购买商品或者服务时,对结果的不确定性。之后,其他学者对该定义进行了补充和完善,丰富了感知风险的内涵。[⑥] Cunningham 认为感知风险由两大因素构

---

①　张中奎. 网站复杂度对消费者购买意愿的影响[D]. 合肥:中国科学技术大学,2015.

②　尹奎,刘娜. 工作重塑、工作意义与任务复杂性、任务互依性的调节作用[J]. 商业研究,2016(11):112-116.

③　董青杉. 基于众包的互联网自我效能与知识共创研究—任务复杂度的调节作用[D]. 杭州:浙江工商大学,2017.

④　王冬冬,金摇光,钱智超. 自我决定视角下共享型领导对员工适应性绩效的影响机制研究[J]. 科学学与科学技术管理,2019,40(6):140-154.

⑤　刘丰军,林正奎,赵丽. 在线知识社区协作冲突影响因素研究——以 Wikipedia 为例[J]. 科研管理,2019,40(3):153-162.

⑥　Bauer R A. Consumer Behavior as Risk Taking[J]. Dynamic Marketing for a Changing World,1960,398.

成:不确定性和后果。不确定性是指个人主观层面上预计行为会产生不好的后果的概率,后果则是客观上行为实际发生后产生的损失程度。[①] 在本研究中,感知风险的内涵是科研人员对于在进行个人数字存档时可能会面临风险的认知。Stone 和 Gronhaug 认为感知风险对损失的预期,对损失预期的把握越大,个体所感受到的风险就越大。[②] 互联网的普及让数字用户对隐私风险产生了担忧,Stern 考察了用户感知隐私风险的前置动因,发现用户感受到脆弱性、严重性、信任和隐私倾向都是用户感知隐私风险的前置动因。[③]

感知风险对网络存储的影响,在已有研究中也已经得到证实。例如,郭帅兵考察了感知风险对个人云存储使用意愿的影响,他将感知风险分为过程效果风险与安全隐私风险,研究发现过程效果风险对用户使用意愿没有影响,而安全隐私风险对于用户使用意愿有显著负相关影响。[④] 曹越和毕新华考察了感知风险对用户云存储服务采纳的影响,通过实证研究发现感知分辨显著影响云存储用户的采纳意图,且云存储用户的采纳意图显著影响其采纳行为。[⑤] 赵鹏和张晋朝从感知风险和用户满意度的视角考察了用户持续使用在线存储服务的影响因素,发现感知风险对用户使用在线云存储服务满意度有直接作用。[⑥] 王建亚和罗晨阳考察了个人云存储采纳行为的影响因素,发现感知风险与个人云存储采纳意愿有重要间接影响。[⑦] 王建亚考察了计算机专业与非计算机专业背景不同的群体对个人云存储采纳的影响,研究发现感知风险会对信任产生影响进而影响其个人云存储采纳意愿,且计算机专业背景的群体比非计算机背景群

① Cunningham S M. The Major Dimensions of Perceived Risk[J]. Risk Taking and Information Handling in Consumer Behavior, 1967: 82-108.

② Stone R N, Gronhaug K. Perceived Risk: Further Considerations for the Marketing Discipline[J]. European Journal of Marketing, 1993,27(3):39-50.

③ Stern T. User Behavior on Online Social Networks and the Internet: A Protection Motivation Perspective[J]. Dissertations & Theses - Gradworks, 2011, 14(3):178-187.

④ 郭帅兵. 基于感知价值的个人云存储服务使用意愿影响因素研究[D].北京:北京邮电大学,2014.

⑤ 曹越,毕新华.云存储服务用户采纳影响因素实证研究[J].情报科学,2014,32(9):137-141+146.

⑥ 赵鹏,张晋朝.在线存储服务持续使用意愿研究——基于用户满意度和感知风险视角[J].信息资源管理学报,2015,5(2):70-78.

⑦ 王建亚,罗晨阳.个人云存储用户采纳模型及实证研究[J].情报资料工作,2016(1):74-79.

体更为显著。① 宣婕研究发现,用户感知风险是导致他们不再使用云存储设备存储个人数字材料的最主要原因,并且验证了用户感知风险的主要维度包括感知功能、隐私、服务保障及连接风险,且感知功能、隐私、服务保障及连接风险均与用户抵制使用云存储意愿呈显著正相关影响。② 胡昌平等考察了感知风险对于个人云存储服务持续使用意愿的影响,研究发现目前云存储的安全问题已经成为用户使用它最大的阻碍,云存储中具体的感知风险主要包括财务、心理、服务保障、隐私、功能、连接六个维度,而其中用户感知隐私风险、心理风险和连接风险对于用户持续使用云存储行为呈显著负相关,且感知转换成本对用户感知隐私风险与持续使用意愿有负向调节作用。③ 龚艺巍等通过扎根理论研究发现,云存储用户使用过程中的感知风险会影响其云存储持续使用意愿,用户存储在云端的重要材料的丢失和泄露等问题会降低云存储用户的持续使用意愿进而影响云存储的持续使用行为。④ 个人云存储是个人进行数字存档的重要方式之一,通过以往研究感知风险对个人云存储的影响,本研究推测感知风险对于科研人员的个人数字存档同样可能产生一定的负向影响。

结合上一章扎根理论的分析,目前科研人员在进行个人数字存档过程中,也会出于对隐私风险、丢失风险以及损坏风险等风险的担忧,选择放弃容易造成这些风险的存档方式,即便这种存档方式更加容易或者便捷。科研人员对风险的感知会负向影响他们的个人数字存档行为。

因此,本研究提出如下假设:

H7:感知风险对科研人员个人数字存档行为有负向影响。

5.1.8 心流体验

心流体验(Flow Experience,FE)最初由 Csikszentmihalyi 提出,指的是人们

---

① 王建亚.不同专业背景用户的个人云存储采纳行为对比研究[J].图书馆学研究,2017(8):44-50+58.

② 宣婕.个人云存储用户感知风险及其对深度使用意愿影响研究[D].合肥:合肥工业大学,2017.

③ 胡昌平,李霜双,冯亚飞.感知风险对个人云存储服务持续使用意愿的影响——转换成本的调节作用分析[J].现代情报,2019,39(5):64-73.

④ 龚艺巍,王小敏,刘福珍,等.基于扎根理论的云存储用户持续使用行为探究[J].数字图书馆论坛,2018(9):29-36.

在全身心投入某个行动时的状态。① 心流体验是一种积极的情感体验,拥有心流体验的个体沉浸于任务中,享受任务本身而忘记了时间的流逝。本文研究情境中,心流体验指科研人员在进行个人数字存档过程中,沉浸于任务本身从而忘记了时间的流动,对该项行为足够专业并且能够体会到其中的乐趣。

通过现有文献发现,心流体验的基本维度主要包括"潜在控制感""失去自我意识""实践体验失真""专注于自己所做的事情"四个维度。② Shin 等考察了在线社交网络游戏用户使用意愿,研究发现心流体验对在线社交网络游戏的意图有正向影响。③ Van Noort 等指出,心流体验对用户的态度有正向影响。④ Van Reijmersdal 等研究发现,用户的心流体验对用户参与度有正向影响。⑤ Park 等考察了移动地图 APP 用户使用意愿影响因素,研究发现移动地图 APP 用户的心流体验是其使用意愿的决定性影响因素。⑥ Hsu 和 Lin 基于 TAM 模型构建了即时消息服务接受模型,指出心流体验主要由参与乐趣和专注度两个维度组成,这两个维度对使用意愿有强烈正向影响。⑦ Yan 等将心流体验分为感知享受与注意力集中两个维度,并指出知识贡献同感知享受与注意力集中呈正相关,而感知享受与注意力集中同创造力呈正相关。⑧ Millat 等人提出,学生在网

---

① Csikszentmihalyi M, Csikszentmihalyi I S. Beyond Boredom and Anxiety[M]. San Francisco:Jossey-Bass, 1975.

② 朱红灿,胡新,廖小巧. 基于心流理论的公众政府信息获取网络渠道持续使用意愿研究[J]. 情报资料工作, 2018(2):56-62.

③ Shin D H, Shin Y J. Why do People Play Social Network Games? [J]. Computers in Human Behavior, 2011, 27:852-861.

④ Van Noort G, Voorveld H A M, Van Reijmersdal E A. Interactivity in Brand Web Sites: Cognitive, Affective, and Behavioral Responses Explained by Consumers' Online Flow Experience [J]. Journal of Interactive Marketing, 2012, 26 (4):223-234.

⑤ Van Reijmersdal E, Rozendaal E. Buijzen M. Effects of Prominence, Involvement[J], Journal of Advertising Research,2012,49(2):151-153.

⑥ Park E, Ohm J. Factors Influencing Users' Employment of Mobile Map Services [J]. Telemat Inform, 2014, 31:253-265.

⑦ Hsu C L, Lin J C. What Drives Purchase Intention for Paid Mobile Apps? – An Expectation Confirmation Model with Perceivedvalue[J]. Electronic Commerce Research and Applications,2015,14:46-57.

⑧ Yan Y, Davison R M , Mo C. Employee Creativity Formation: The Roles of Knowledge Seeking, Knowledge Contributing and Flow Experience in Web 2. 0 Virtual Communities[J]. Computers in Human Behavior,2013,29(5): 1923-1932.

络学习过程中的心流体验越高,学习效果越好。[1] 涂霞基于 TRA 和 TAM,结合心流体验和信息系统成功模型,考察了高校图书馆微信公众平台用户使用影响因素,研究结果发现心流体验显著影响高校图书馆微信公众平台用户使用态度,进一步显著影响其使用意愿。[2] 李力从知识贡献和知识搜寻的视角考察了虚拟社区用户持续知识共享意愿的影响因素,研究发现,虚拟社区用户的心流体验对其知识贡献和知识搜寻的满意度有正向影响,从而进一步影响虚拟社区用户的持续知识贡献和知识搜寻意愿。[3] 张艳丰等考察了移动社交媒体倦怠行为的影响因素,研究发现心流体验对移动社交媒体用户态度有正向影响。[4] 元晓艺考察了旅游 APP 的个性化、便利性、社交化和即时性对消费者心流体验的影响,研究发现,旅游 APP 的便利性、即时性和个性化对消费者心流体验有正向影响。[5] 胥雅考察了大学生移动深入阅读行为影响因素,研究发现大学生移动深入阅读时的体验和感受显著正向影响移动深入阅读行为。[6] 季丹等基于心流理论考察了公众社会化阅读行为的影响因素,研究发现用户的心流体验会产生内部动机,从而对公众社会化阅读意愿产生积极影响。[7]

结合上一章扎根理论模型,可以知道,科研人员在对自己的个人数字材料进行保存和整理时,往往需要较长的一段时间,在整个保存和整理的过程中,尤其是对一些数码照片和个人日记的整理过程中,他们常常会感觉时间过得很快,并且沉浸其中。这样的一种情绪会让他们感觉到潜在的控制感觉,并且会激发他们进行该项行为的个人意愿,甚至可能在下一次出于这部分的原因主动对个人数字材料进行保存。

① Esteban-Millat I , Francisco J, Martínez-López, Huertas-García R, et al. Modelling students' flow experiences in an online learning environment[J]. Computers & Education, 2014, 71:111-123.

② 涂霞.高校图书馆微信公众平台用户使用意愿影响因素实证研究[J].信息资源管理学报,2016, 6(1):64-72.

③ 李力.虚拟社区用户持续知识共享意愿影响因素实证研究——以知识贡献和知识搜寻为视角[J].信息资源管理学报,2016,6(4):91-100.

④ 张艳丰,李贺,彭丽徽.移动社交媒体倦怠行为的影响因素模型及实证研究[J].现代情报,2017, 37(10):36-41.

⑤ 元晓艺.旅游 APP 特征对消费者心流体验的影响研究[J].西安石油大学学报(社会科学版), 2019,28(5):29-35.

⑥ 胥雅.当代大学生移动深阅读行为影响因素研究[D].武汉:华中科技大学,2019.

⑦ 季丹,郭政.李武.Flow 理论视角下的社会化阅读行为影响因素[J].图书馆论坛,2020,40(5): 116-122.

因此,本研究提出如下假设:

H8:心流体验对科研人员个人数字存档行为有正向影响。

5.1.9 感知易用性

感知易用性是指用户感知学习某项技术、应用或者信息系统需要花费较少的精力和时间。① 个体的行为意愿与环境密切相关,感知易用性主要是指技术的易用性,会直接增加行为的发生。在本研究情境中,感知易用性是指科研人员使用信息系统、平台和应用等进行个人数字存档非常省时省力,不会花费过多的精力和时间,因此从而产生正向的行为意愿进而影响实际行为。过去已有许多学者证明了感知易用性对用户使用行为意愿具有至关重要的影响。例如,漆正丽研究发现,在电子商务网站个人消费行为中,感知易用性对感知有用性有显著正向影响。② Wichadee 考察了教师使用学习管理系统的影响因素,研究发现教师感知学习管理系统的易用性越高,他们的使用态度就越强烈。③ Altawallbeh 等考察了约旦大学大学生采用电子学习意愿的影响因素,研究发现感知行为控制、感知有用性和感知易用性都会对大学生电子学习意愿有积极影响。④ Huang 等考察了在校学校云服务使用影响因素,研究发现感知享受与感知有用性,即内在动机和外在动机均是由云服务的感知易用性所驱动,也就是说云服务感知易用性对感知有用性有直接影响,从而进一步对行为意愿产生影响。⑤ 严炜炜考察了科研信息服务融合使用行为的影响因素,研究发现,科研信息服务融合感知易用性与使用行为呈显著正相关,且科研信息服务融合感知易用性与科研信息服务融合感知有用性有正相关。⑥ Zhang 认为由于智能设备的

---

① Davis F D. Perceived usefulness, perceived ease of use, and user acceptance of information technology [J]. MIS Quarterly,1989,13(3):319-339.

② 漆正丽. 网上支付的使用影响因素和实证研究[D].上海:复旦大学,2012.

③ Wichadee S. Factors Related to Faculty Members' Attitude and Adoption of a Learning Management System[J]. Turkish Online Journal of Educational Technology, 2015, 14(4):53-61.

④ Altawallbeh M, Soon F, Thiam W, et al. Mediating Role of Attitude, Subjective Norm and Perceived Behavioural Control in the Relationships between Their Respective Salient Beliefs and Behavioural Intention to Adopt E-Learning among Instructors in Jordanian Universities. [J]. Journal of Education & Practice, 2015, 6.

⑤ Huang Y M, Huang T C, Chen M Y, et al. What influences students to use cloud services? From the aspect of motivation:Student acceptance of cloud services[C]// 2015 International Conference on Interactive Collaborative Learning (ICL). IEEE, 2015.

⑥ 严炜炜.科研信息服务融合使用行为影响因素实证研究[J].情报科学,2016,34(8):7-11+18.

出现和技术的快速进步,人们可以不受时间和地点的控制对自己的个人信息进行管理,他考察了大学生移动 PIM 的影响因素,研究结果表明移动 PIM 感知易用性会通过影响感知有用性进而影响大学生对 PIM 移动设备的使用意愿。①
Hashim 和 Tan 将期望价值模型和信息系统持续使用模型结合起来,预测在线社区成员之间的持续知识共享行为,研究发现,在线社区用户的感知易用性和有用性会积极地影响在线社区成员之间的持续知识共享行为。② Abed 考察了消费者将社交网站作为商业工具继续使用的影响因素,对沙特阿拉伯 304 名 Facebook 用户的调查结果表明,感知易用性与感知有用性对消费者将社交网站作为商业工具继续使用有显著的正向影响,且感知易用性对感知有用性、信任和感知享受也有显著正向影响。③ 朱多刚考察了社会化阅读服务用户持续使用的影响因素,研究发现感知有用性和感知易用性都是用持续使用行为的决定性因素,且感知易用性对感知有用性有显著影响。④

从以上论述和上一章扎根理论的研究可以发现,个人数字存档行为需要使用的技术的难易程度会影响个人数字存档行为。在本研究情境中,个人数字存档行为需要通过信息系统、应用或者平台保存数字材料而实现,因此推测感知易用性同样会对个人数字存档行为产生影响。

因此,本研究提出如下假设:

H9:感知易用性对科研人员个人数字存档行为产生正向影响。

5.1.10　感知有用性

感知有用性是指用户认为使用某一项信息技术能够提升工作绩效的程度。⑤ 学者们对个人云存储、信息系统和应用使用等方面的实证研究均表明,感

---

① Zhang Z. Effect of Mobile Personal Information Management on University Students' Perceived Learning Effectiveness[J]. 2016,3(2):45-52.

② Hashim K F , Tan F B . Examining the Determinant Factors of Perceived Online Community Usefulness using the Expectancy Value Model[J]. Journal of Systems and Information Technology, 2018, 20(2):156-167.

③ Abed S S. An Empirical Examination of Factors Affecting Continuance Intention Towards Social Networking Sites[J]. Computer Application,2018,26(6):1175-1178.

④ 朱多刚.电子服务质量对社会化阅读服务用户持续使用的影响研究——以移动新闻 APP 为例[J].现代情报,2019,39(4):76-85.

⑤ Davis F D. Perceived Usefulness, Perceived Ease of Use, and User Acceptance of Information Technology[J]. MIS Quarterly,1989,13(3):319-339.

知有用性可以很好地解释行为意愿和实际行为。在本书的研究情境中,感知有用性是指科研人员感受到进行个人数字存档行为能够满足自己个人需求的程度。一般而言,个体感受进行个人数字存档行为的有用性越大,进行个人数字存档行为的意愿就会越强烈,进而影响实际行为的发生。

感知有用性对信息行为的影响在已有研究中已经得到大量的证明。例如,Huang 等将感知享受与感知有用性,即内在动机和外在动机相结合,建立了一个研究模型探索影响学生使用云服务意愿的影响因素,研究结果表明,外在动机即感知有用性通过使用态度简介影响学生云服务使用行为。[1] Mohammadi 考察了伊朗四所公立大学学生感知有用性对电子学习使用者使用意愿和满意度的影响,研究发现,感知有用性对电子学习使用行为之间有正向影响。[2] Altawallbeh 等考察了约旦大学大学生采用电子学习意愿的影响因素,研究发现感知行为控制、感知有用性和感知易用性都会对大学生电子学习意愿有积极影响。[3] Zhang 等考察了中国大学生通过网络获取资源的影响因素,通过 TAM 建立了模型,结果证明感知易用性、感知有用性和感知趣味性都积极影响使用互联网获取信息的意愿。[4] Wu 考察了用户对知识管理工具 E-Learning 2.0 知识共享意愿的影响因素,结果证明知识创造自我效能、感知有用性对 E-Learning 2.0 系统的知识共享意愿有正向影响,进而影响知识共享行为,且研究发现影响 E-Learning 2.0 系统感知有用性因素包含通信质量和服务质量。[5] Zhang 认为由于智能设备的出现和快速进步,人们可以不受时间和地点的限制对自己的个人信息进行管理,他考察了大学生移动 PIM 的影响因素,研究结果表明,移动

① Huang Y M, Huang T C, Chen M Y , et al. What influences students to use cloud services? From the aspect of motivation: Student acceptance of cloud services[C]// 2015 International Conference on Interactive Collaborative Learning (ICL). IEEE, 2015.

② Mohammadi H. Social and Individual Antecedents of M-learning Adoption in Iran[J]. Computers in Human Behavior, 2015, 49:191-207.

③ Altawallbeh M, Soon F, Thiam W, et al. Mediating Role of Attitude, Subjective Norm and Perceived Behavioural Control in the Relationships between Their Respective Salient Beliefs and Behavioural Intention to Adopt E-Learning among Instructors in Jordanian Universities. [J]. Journal of Education & Practice, 2015, 6.

④ Zhang Y, Yuan Q, Misbah J. Factors influencing Online Information Acquisition: The Case of Chinese college Students[J]. Journal of Data and Information Science, 2015, 8(1):66-82.

⑤ Wu B. Identifying the Influential Factors of Knowledge Sharing in E-Learning 2.0 Systems[J]. International Journal of Enterprise Information Systems, 2016, 12(1):85-102.

PIM 感知有用性对大学生 PIM 使用移动设备意愿有显著正向影响,使用移动技术的感知意愿对高学历学生感知学习效率也有正向影响。[①] 个人数字存档与个人信息管理在某种程度上有一定内涵上的重合,因此推测感知有用性对于个人数字存档设备的使用也产生了正向影响。付少雄等构建了社会化问答社区用户信息采纳到持续性信息搜寻理论模型,研究发现,感知有用性会正向影响信息采纳和持续信息搜寻行为。[②] Setyawan 等对印度尼西亚 176 名受访者进行研究,考察了用户对手机中资讯应用的持续使用和推荐行为的影响因素,结果发现感知有用性直接影响用户的持续使用和推荐意愿。[③] 龚艺巍等基于扎根理论,研究发现云存储的核心功能可以满足用户对数字材料的存储与备份需求,并用感知有用性表征该子范畴,认为感知有用性能够直接对用户云存储使用行为产生影响。[④]

基于过去学者们对感知有用性对行为产生直接影响的论述,结合上一章扎根理论的分析,本研究推测大多数科研人员在感到使用某些个人数字存档工具时可以更高效帮助自己达到某些目的时,会很大程度上更容易产生个人数字存档行为。

因此,本研究提出如下假设:

H10:感知有用性对科研人员个人数字存档行为有正向影响。

5.1.11　技术环境的改变

技术环境的改变会导致科研人员个人数字存档方式发生改变。具体而言,科研人员进行个人数字存档中的存档技术和工具会时常更新升级、个人数字存档工具和平台的界面会发生改变、个人数字存档工具和平台中的功能板块和功能类型也会发生变化,这些变化都会对科研人员个人数字存档带来一定的影

---

① Zhang Z. Effect of Mobile Personal Information Management on University Students' Perceived Learning Effectiveness[J]. 2016,3(2):45-52.

② 付少雄,陈晓宇,邓胜利.社会化问答社区用户信息行为的转化研究——从信息采纳到持续性信息搜寻的理论模型构建[J].图书情报知识,2017(4):80-88.

③ Setyawan N, Shihab M R, Hidayanto A N, et al. Continuance Usage Intention and Intention to Recommend on Information Based Mobile Application: A Technological and User Experience Perspective[C]// International Conference on Advanced Computer Science & Information Systems. IEEE, 2018.

④ 龚艺巍,王小敏,刘福珍,等.基于扎根理论的云存储用户持续使用行为探究[J].数字图书馆论坛,2018(9):29-36.

响。Cyr 考察了电子商务网站的信息设计、导航设计和视觉设计对消费者使用网站的影响,研究发现电子商务网站的视觉设计、导航设计和信息设计会影响消费者满意度。[①] Liang 等考察了系统环境的改变对员工进行系统探索行为的影响,研究发现,系统环境的改变与员工对系统探索行为呈正相关。[②] 伏虎和李雪梦构建了中小型管理咨询企业知识管理评估体系,研究发现信息技术的发展是中小型管理咨询企业知识管理水平的重要因子。信息技术的发展可以让员工更加方便地通过信息管理系统获得工作所需要的信息和知识,企业也因为信息技术的更新发展,保存了更多的各种类型有用的知识,企业和个人知识管理技术的提升为个人与企业的发展都提供了更好的机会。[③] 霍艳花和金璐考察了信息生态视角下,信息环境和信息技术对微信用户信息共享行为的影响,研究发现,信息环境和信息技术都对微信用户信息共享行为有正向影响。[④] 王山发现各种智能管理工具的不断创新发展对政府更好吸纳智能技术有积极影响,而智能技术的产生对政府管理水平产生积极影响。[⑤]

与此同时,上一章扎根理论分析结果表明,当个人数字存档工具和平台的功能板块和功能类型发生改变的情况下,他们可能会更愿意使用这些存档工具保存自己的数字材料,进而促使他们产生个人数字存档行为。

因此,本研究提出如下假设:

H11:技术环境的改变对科研人员个人数字存档行为有正向影响。

5.1.12 感知价值

Zeithaml 最早基于消费者的角度提出了感知价值理论。[⑥] 感知价值反映出了个体在某项行为过程中的综合感受和满意度,是对感知收获和感知付出的一

---

① Cyr D. Modeling Web Site Design across Cultures:Relationships to Trust, Satisfaction, and E-Loyalty [J]. Journal of Management Information Systems, 2008, 24(4):47-72.

② Liang H G, Peng Z Y, Xue Y J, et al. Employees' Exploration of Complex Systems:An Integrative View [J]. Journal of Management Information Systems, 2015, 32(1):322-357.

③ 伏虎,李雪梦.基于结构方程模型的管理咨询企业知识管理优化研究[J].情报科学,2019,37(11):154-162+177.

④ 霍艳花,金璐.微信用户信息共享行为影响因素实证研究——基于信息生态视角分析[J].情报工程,2019,5(3):74-85.

⑤ 王山.智能技术对政府管理的影响研究[D].北京:中国农业大学,2018.

⑥ Zeithaml V A. Consumer Perceptions of Price, Quality, and Value:A Means-end Model and Synthesis of Evidence[J].Journal of Marketing, 1988, 52(3):2-22.

种比较判断。各领域的学者都从不同的角度对感知价值按照不同的维度进行过划分。例如,Aulia 等提出测量可以通过情感价值、社会价值、质量价值和价格价值四个维度衡量用户感知价值。① 刘鲁川和李旭基于心理契约理论,将感知价值这一因素划分为感知社交价值与感知信息价值。② 关芳等基于感知价值理论,构建了高校图书馆用户个人信息管理中感知价值模型,指出在 PIM 中,用户的信息获取行为、信息保存行为、信息组织与管理行为和信息再现行为均会对用户个人信息管理的用户感知价值有显著影响。③ 韦草原等通过扎根理论考察了科学数据用户感知价值的概念模型,通过研究识别出科学数据用户感知价值的要素包括功能价值、属性价值、认知价值和社会价值四个维度。④

在本书的研究情境中,感知价值是指科研人员对个人数字存档对象所具有价值的感知。科研人员进行个人数字存档行为的一个重要原因就是他们认为这部分数字材料对他们来说有用并希望在未来能够及时地找到和使用,决定选择保存哪些个人数字材料主要取决于对这部分个人数字资料所拥有价值的判断。从扎根理论分析中,笔者将个体对档案价值的感知归纳为感知情感价值、感知凭证价值与感知参考价值。对于档案基本价值,许多学者都已经进行过诸多的讨论。档案界一直以来通常都认可档案具有凭证价值与参考价值。丁海斌基于抽象程度的理解,认为人类的所有实践活动都与情感有关,档案所承载的事实都与情感相关,情感就是人对客观事物的态度体验。因此,档案作为感觉对象的经验还具有情感价值。⑤

许多学者对感知价值对行为的影响都进行过实证研究。例如,李武通过焦点访谈的方法,从社会价值、内容价值、互动价值、价格价值和界面设计价值五个维度解释用户电子书阅读客户端的感知价值,并证明了其中内容价值、互动

①　Aulia S A, Sukati I, Sulaiman Z. A Review: Customer Perceived Value and its Dimension[J]. Asian Journal of Social Sciences and Management Studies. 2016, 3 (2) :150-162.

②　刘鲁川,李旭. 心理契约视域下社会化阅读用户的退出、建言、忠诚和忽略行为[J]. 中国图书馆学报,2018,44(4):89-108.

③　关芳,张宁,林强. 新媒体视阈下高校图书馆用户的个人信息管理影响因素研究[J]. 情报科学,2018,36(3):39-45+57.

④　韦草原,王健,张贵兰,等. 基于扎根理论的科学数据用户感知价值概念模型研究[J]. 情报杂志,2018,37(5):182-188.

⑤　丁海斌. 论档案的价值与基本作用[J]. 档案,2012(4):10-13.

价值、价格价值和界面设计价值均对用户满意度有显著影响,进而影响实际行为。[①] 秦芬等考察了个人对公众号使用行为的影响因素,发现内容特征对用户行为的影响十分显著,用户感知信息价值与感知情感价值明显对公众号阅读量产生影响,证明了感知价值对用户使用的正向影响。[②] 本研究中,科研人员出于对个人数字存档对象本身价值的感知而产生存档行为,感知价值在本研究情境中是个体对所要存储对象内容特征的感知。由此可知,已有文献对内容特征对用户行为的影响的实证研究,在一定意义上也许能够推测本研究中感知价值对科研人员个人数字存档行为的影响。

结合上一章中扎根理论的分析,几乎所有受访者都表示,在感知个人数字存档对象有价值的情况下,会让他们产生个人数字存档行为。甚至一些受访者表示对个人数字存档价值的感知是促使他们进行个人数字存档行为最主要的影响因素,某些时候他们并不愿意做这件事,但出于对其价值的感知,仍会"硬着头皮完成"。可以看出,对个人数字存档对象的价值感知是科研人员进行个人数字存档行为的重要影响因素。

因此,本研究提出如下假设:

H12:感知价值对科研人员个人数字存档行为有正向影响。

5.2 研究模型的构建

综上所述,本研究结合档案双元价值理论、相关文献以及上一章节中的扎根理论模型,构建出科研人员个人数字存档的影响因素研究模型,如图 5-1 所示。

---

① 李武. 感知价值对电子书阅读客户端用户满意度和忠诚度的影响研究[J]. 中国图书馆学报,2017,43(6):35-49.

② 秦芬,严建援,李凯. 知识型微信公众号的内容特征对个人使用行为的影响研究[J]. 情报理论与实践,2019,42(7):106-112.

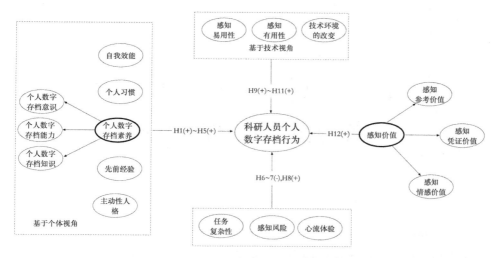

图 5-1　科研人员个人数字存档行为影响因素研究模型

在图 5-1 中,自我效能、个人习惯、个人数字存档素养、先前经验和主动性人格是基于个体视角的变量;任务复杂性、感知风险和心流体验是基于任务视角的变量;感知易用性、感知有用性和技术环境的改变是基于技术视角的变量;感知价值是基于对象视角的变量。同时,笔者将个人数字存档素养和感知价值作为二阶反映式潜在变量。个人数字存档素养包括个人数字存档意识、个人数字存档能力和个人数字存档知识三个一阶变量。感知价值包括感知情感价值、感知凭证价值和感知参考价值三个一阶变量。

6 科研人员个人数字存档行为
影响因素模型验证

本章基于已得到的扎根理论模型,结合档案双元价值理论和相关文献,构架了科研人员个人数字存档行为影响因素的研究模型。本章将会根据已有文献与访谈内容设计调查问卷,并向科研人员群体发放问卷进行数据收集。将收回的数据导入 SmartPLS 软件中,对第五章提出假设和研究模型进行检验。

6.1 问卷设计与数据收集

6.1.1 问卷设计

问卷调查法常被研究人员用于获取目标群体对各潜在变量的测量结果。相较于文献调查、实地调研、访谈法等其他调查方法,问卷调查法更节省时间、人力和经费,方便研究者量化调查结果并进行统计分析。因此,本章选取问卷调查法调研科研人员个人数字存档行为的影响因素。

调查问卷内容包括调查对象基本信息(性别、年龄、正在攻读或已获得的最高学位、所在学科领域、目前的职称和职业)与科研人员个人数字存档行为影响因素两个部分。本研究中所构建的科研人员个人数字存档行为研究模型一共包括 18 个一阶反映式潜在变量,所有潜在变量的测量题项均为 3~4 个,共 57 个题项。所有测量变量均采用 7 点李克特量表进行测量,问卷内容中会提醒调查对象回想一下自己进行个人数字存档时的场景,然后作出符合自身情况的选择。

问卷中具体题项开发设计流程主要有以下几个步骤:首先,大量查看并深度研究与主题科研人员个人数字存档行为相关的参考文献与相关理论,抽取这些文献和理论中已得到验证的测量题项,保证问卷具有良好内容效度;其次,根据扎根理论分析所得到的科研人员个人数字存档行为理论模型对问卷测量题项进行修改和完善,这样能够保证问卷更加贴近实际并且更加容易被调查者理解;再次,问卷设计初稿完成后,笔者邀请了两位与本领域相关的专家对调查问卷提出意见,并根据他们的意见对问卷进行修改;最后,笔者邀请了不同专业的30位科研人员填写问卷,进行预调查,询问他们对问卷的看法并进行修改。最后,形成最终版本的调查问卷(见附录2)。潜在变量及其对应的测量题项见表6-1。

表6-1　潜在变量及其对应的测量题项

潜在变量	题项	文献来源
自我效能 (SE)	SE1:即便没有人教我,我也可以完成对个人数字材料的存储	Lin①, Thatcher 等②, Gist③,本研究
	SE2:即便没有受过系统的训练,我也可以完成对个人数字材料的存储	
	SE3:即便没有数字存档指南的指导,我也可以完成对个人数字材料的存储	

①　Lin H F. Effects of Extrinsic and Intrinsic Motivation on Employee Knowledge Sharing Intentions[J]. Journal of Information Science, 2007,33(2):135-149.

②　Thatcher J B, Zimmer J C, Gundlach M J, et al. Internal and External Dimensions of Computer Self-Efficacy: An Empirical Examination[J]. IEEE Transactions on Engineering Management, 2008, 55(4):628-644.

③　Gist M E. Self-Efficacy: Implications for Organizational Behavior and Human Resource Management. [J]. Academy of Management Review, 1987, 12(3):472-485.

续表

潜在变量	题项	文献来源
个人习惯（PH）	PH1：对个人数字材料进行存储是我的习惯之一	Limayem 等①，Pee 等②，本研究
	PH2：对个人数字材料进行存储对我而言是一件很平常的事情	
	PH3：对个人数字材料进行存储已经成了我的一种习惯	
个人数字存档意识（PDAS）	PDAS1：我知道个人数字存档是一件很重要的事	Koo 等③，本研究
	PDAS2：我知道需要花费固定时间进行个人数字存档	
	PDAS3：我知道如何才能更好地进行个人数字存档	
个人数字存档能力（PDAA）	PDAA1：我能够合理使用信息技术和工具存储自己的数字材料	Koo 等④，Kia 等⑤，Goklar 等⑥，本研究
	PDAA2：我总是可以迅速甄别出哪些数字材料对我是真正有价值的	
	PDAA3：我能够不断了解和利用新兴技术与工具存储自己的数字材料	

① Limayem M, Hirt S G, Cheung C M. K. How Habit Limits the Predictive Power of Intention: The Case of Information Systems Continuance[J]. Mis Quarterly, 2007,31(4):705-737.

② Pee L G, Woon I M Y, Kankanhalli A. Explaining non-work-related computing in the workplace: A comparison of alternative models[J]. 2008. Information &Management, 2008,31(4):705-737.

③ Koo M, Norman C D, Hsiao-Mei C. Psychometric Evaluation of a Chinese Version of the EHealth Literacy Scale (eHEALS) in School Age Children[J]. Global Journal of Health Education and Promotion,2012, 15:29-36.

④ Koo M, Norman C D, Hsiao-Mei C. Psychometric Evaluation of a Chinese Version of the EHealth Literacy Scale (eHEALS) in School Age Children[J]. Global Journal of Health Education and Promotion,2012, 15:29-36.

⑤ Kim H W, Gupta S. A User Empowerment Approach to Information Systems Infusion [J]. IEEE Transactions on Engineering Management, 2014, 61(4): 656-668.

⑥ Goklar A N, Yaman N D, Yurdakul K. Information Literacy and Digital Nativity as Determinants of Online Information Search Strategies[J]. Computers in Human Behavior, 70:1-9.

续表

潜在变量	题项	文献来源
个人数字 存档知识 （PDAK）	PDAK1:我知道怎样通过别人的个人数字存档成功经验帮助自己	Yarmey①, Koo 等②, Vilar 等③, 本研究
	PDAK2:我知道哪些相关知识可以促使我更好地进行个人数字存档	
	PDAK3:做好个人数字存档需要具备一定的相关知识	
先前经验 （PE）	PE1:我经常对个人数字材料进行存储	Karahanna 等④, 本研究
	PE2:我对个人数字材料进行存储的频率很高	
	PE3:我对存储个人数字材料的步骤非常熟悉	
	PE4:我对个人数字存档技术与工具很熟悉	
主动性人格 （PP）	PP1:我一直在寻找更优的个人数字存档方式	Bateman 等⑤, Seibert 等⑥, 本研究
	PP2:我一直在积极寻找更完善的个人数字存档技术与工具	
	PP3:如果我认为某个数字材料很值得保存,那么没有什么障碍能够阻止我保存它	

① Yarmey K . Student Information Literacy in the Mobile Environment[J]. Educause Quarterly, 2011, 34(1):43–51.

② Koo M, Norman C D, Hsiao–Mei C. Psychometric Evaluation of a Chinese Version of the EHealth Literacy Scale (eHEALS) in School Age Children[J]. Global Journal of Health Education and Promotion,2012, 15:29–36.

③ Vilar P, Sauperl A. Archival Literacy: Different Users, Different Information Needs, Behaviour and Skills[J]. Communications in Computer & Information Science, 2014, 492:149–159.

④ Karahanna E , Chervany S N L . Information Technology Adoption Across Time: A Cross–Sectional Comparison of Pre–Adoption and Post–Adoption Beliefs[J]. MIS Quarterly, 1999, 23(2):183–213.

⑤ Bateman T S, Crant J M. The Proactive Component of Organizational Behavior: A Measure and Correlates [J]. Journal of Organizational Behavior, 1993, 14(2): 103–118.

⑥ Seibert S E, Crant J M, Kraimer M L. Proactive Personality and Career Success [J]. Journal of Applied Psychology, 1999, 84(3): 416–427.

续表

潜在变量	题项	文献来源
心流体验 （FE）	FE1：当我对个人数字材料进行存储时我觉得很愉快	Zha X et al.①，Martínez-López I et al.②
	FE2：当我对个人数字材料进行存储时我的精力会很集中	
	FE3：当我对个人数字材料进行存储时我觉得时间过得很快	
任务复杂性 （TC）	TC1：个人数字存档工具的操作步骤比较复杂	Sun et al.③，Liang et al.④，Frederick&Stephen⑤，本研究
	TC2：在个人数字存档工具中进行数据存储比较复杂	
	TC3：一般来说，个人数字存档是复杂的	

① Zha X, Zhang J, Yan Y. Comparing Flow Experience in Using Digital Libraries[J]. Library Hi Tech, 2015, 33(1):41-53.

② Martínez-López I, Francisco J, Huertas-García, Rubén, et al. Modelling Students' Flow Experiences in an Online Learning Environment[J]. Computers & Education, 2014, 71:111-123.

③ Sun Y, Wang N, Yin C, et al. Understanding the Relationships between Motivators and Effort in Crowdsourcing Marketplaces: A Nonlinear Analysis[J]. International Journal of Information Management, 2015, 35(3):267-276.

④ Liang H, Peng Z, Xue Y, et al. Employees' Exploration of Complex Systems: An Integrative View [J]. Journal of Management Information Systems, 2015, 32(1):322-357.

⑤ Frederick P M, Stephen E H. The Work Design Questionnaire (WDQ): Developing and Validating a Comprehensive Measure for Assessing Job Design and the Nature of Work.[J]. The Journal of applied psychology, 2006.

续表

潜在变量	题项	文献来源
感知有用性 （PU）	PU1：使用个人数字存档工具可以使我更有效地存储数字文件	Davis①，Venkatesh & Davis②，本研究
	PU2：使用个人数字存档工具存储数字材料能提高我的科研工作效率	
	PU3：使用个人数字存档工具可以帮助我更迅速地获取我需要的相关信息	
	PU4：总体而言个人数字存档工具对我存储数字材料是有用的	
感知易用性 （PEU）	PEU1：使用个人数字存档工具的流程是明白易懂的	Davis③，Venkatesh & Davis④，本研究
	PEU2：使用个人数字存档工具存储数字材料是容易的	
	PEU3：总体而言个人数字存档工具对我而言是易于使用的	
感知风险 （PR）	PR1：我担心进行个人数字存档会导致文件损毁	Stone 等⑤，Stern⑥，本研究
	PR2：我担心进行个人数字存档会导致文件丢失	
	PR3：我担心进行个人数字存档会泄漏个人隐私	

① Davis F D. Perceived Usefulness, Perceived Ease of Use, and User Acceptance of Information Technology [J]. Management Information Systems Quarterly,1989, (13)：319-340.

② Venkatesh V, Davis F D. A Theoretical Extension of theTechnology Acceptance Model：Four Longitudinal Field Studies[J]. Management Science, 2000, 45(2)：186-204.

③ Davis F D. Perceived Usefulness, Perceived Ease of Use, and User Acceptance of Information Technology [J]. Management Information Systems Quarterly,1989, (13)：319-340.

④ Venkatesh V, Davis F D. A Theoretical Extension of the Technology Acceptance Model：Four Longitudinal Field Studies[J]. Management Science, 2000, 45(2)：186-204.

⑤ Stone R N, Gronhaug K. Perceived Risk：Further Considerations for the Marketing Discipline[J]. European Journal of Marketing, 1993, 27 (3)：39-50.

⑥ Stern T. User Behavior on Online Social Networks and the Internet：A Protection Motivation Perspective[J]. 2011, 14(3)：178-187.

续表

潜在变量	题项	文献来源
感知情感价值(PSV)	PSV1:对个人数字材料进行存储能够帮助我记录下很多容易遗忘的事情	Foote 等①,Cox②,Aulia③,本研究
	PSV2:对个人数字材料进行存储可以帮助我保存过去的美好回忆	
	PSV3:对个人数字材料进行存储能够帮助我记录我的人生	
感知凭证价值(PEV)	PEV1:个人数字存档材料可以作为自己身份的证明	McKemmish④,Cox⑤,本研究
	PEV2:个人数字存档材料可以佐证自己的经历	
	PEV3:个人数字存档材料能够成为日后的证据	
感知参考价值(PRV)	PRV1:个人数字存档材料对我的学习工作不可或缺	Cox⑥,本研究
	PRV2:个人数字存档材料未来也许对我有用	
	PRV3:个人数字存档材料具有很强的参考价值	
技术环境的改变(CTE)	CTE1:个人数字存档技术与工具时常更新升级	Sun⑦,Van der Heijden⑧,本研究
	CTE2:个人数字存档工具的界面发生了改变	
	CTE3:个人数字存档工具的功能发生了改变	

---

① Foote K E . To Remember and Forget:Archives, Memory, and Culture[J]. The American Archivist, 1990, 53(3):378-392.

② Cox R J. Digital Curation and the Citizen Archivist[J]. Digital Curation:Practice, Promises Prospects,2009:102-109.

③ Aulia S A, Sukati I, Sulaiman Z. A Review:Customer Perceived Value and its Dimension[J]. Asian Journal of Social Sciences and Management Studies. 2016, 3 (2):150-162.

④ McKemmish S. Evidence of me[J]. Archives and Manuscripts,1996,24(1):28-45.

⑤ Cox R J. Digital Curation and the Citizen Archivist[J]. Digital Curation:Practice, Promises Prospects,2009:102-109.

⑥ Cox R J. Digital Curation and the Citizen Archivist[J]. Digital Curation:Practice, Promises Prospects,2009:102-109.

⑦ Sun H S. Understanding User Revisions when Using Information System Features:Adaptive System Use and Triggers [J]. MIS Quarterly, 2012, 36(2):453-478.

⑧ Van der Heijden H. Factors Influencing the Usage of Websites:The Case of a Generic Portal in the Netherlands [J]. Information & Management, 2003, 40(6):541-549.

续表

潜在变量	题项	文献来源
个人数字存档行为（PDA）	PDA1:以后我会经常对个人数字材料进行存储	Fishbein 等①，Davis②,本研究
	PDA2:以后我会持续地对个人数字材料进行存储	
	PDA3:我会花费时间与精力对个人数字材料进行存储	
	PDA4:我会推荐别人对个人数字材料进行存储	

6.1.2 数据收集

问卷设计完成之后，笔者主要通过"问卷星"与线下发放问卷两种方式发布问卷。"问卷星"是一个专业问卷设计与发放平台，平台设置有许多功能可以协助研究者甄别问卷的有效性，例如，设置拒绝从同一 IP 地址回收多份问卷，规定用户的答卷时间等。线下的问卷发放主要是通过将设计好的问卷打印出来，直接将纸质版发给调查者进行填写。

本次数据收集的对象全部为科研人员，包括在校硕博研究生、高等院校教师、研究院所和企事业单位的研究人员等。数据收集的过程一共持续了 45 天，总共收到问卷 634 份，笔者依据两个标准共剔除掉无效问卷 37 份，剔除无效问卷的标准为:第一，问卷填写时间过短，填写时间低于 90 秒的问卷全部视为无效;第二,问卷第二部分科研人员个人数字存档行为影响因素调查中所有选项都勾选同一个，或全部都具有明显规律性。最终，确定有效问卷 597 份，样本基本信息见表 6-2。

表 6-2　被调查对象的基本信息统计(N = 597)

基本信息	类别	数量(人)	占百分比
性别	男性	282	47.23
	女性	315	52.76

---

① Fishbein M, Ajzen I. Belief, Attitude, Intentioned Behavior: An Introduction to Theory and Research [M]:1975:216.

② Davis F D. Perceived Usefulness, Perceived Ease of Use, and User Acceptance of Information Technology [J]. Management Information Systems Quarterly,1989(13): 319-340.

续表

基本信息	类别	数量(人)	占百分比
年龄	20~34	228	38.19
	35~44	188	31.49
	45~54	134	22.45
	55 及以上	47	7.87
正在攻读或已获得的最高学位	本科	54	9.05
	硕士	225	37.69
	博士	318	53.27
所在学科领域	人文科学	169	28.31
	社会科学	234	39.20
	自然科学	194	32.50
职称	硕博研究生	141	23.62
	助教/实习研究员	65	10.89
	讲师/助理研究员	152	25.46
	副教授/副研究员	158	26.47
	教授/研究员	63	10.55
	其他	18	3.02
就职于	在校学生	141	23.62
	高等院校	282	47.24
	研究院所	83	13.90
	企事业单位	74	12.40
	其他	17	2.85

　　本书所采用的结构方程建模方法适用于大样本数据的分析。一般来说,为了追求稳定性较好的结果,受试样本数量最好在 200 以上。① 从模型观测变量个数

---

① 吴明隆. 结构方程模型:SIMPLIS 的应用[M]. 重庆:重庆大学出版社,2012:4.

进一步分析样本数,测量题项与样本数量要求比例在1∶5以上,本次问卷调查中一共有测量题项57个,有效问卷收回597份,远大于测量题项的5倍。除此之外,本文所使用的结构方程建模方法对样本的数量没有特别严格的限定[1],一般要求在150以上即可[2]。因此,本研究中的样本数量符合数据分析的要求。

6.1.3 共同方法偏差检验

共同方法偏差(Common Method Bias,CMB)是指在数据收集中由于同样的数据来源、测量环境、项目语境、评价者以及研究本身特征所造成的预测变量与效标变量之间人为的共变。[3] Podsakoff 等[4]认为共同方法偏差来源于同一数据来源或评价者、项目特征、项目语境和测量环境。笔者在本章研究中评估本共同方法偏差的方法是 Harman 单因子检验在 SPSS 中对模型中的变量进行主成分因子分析,主成分因子分析结果如表6-3所示。

表6-3 主成分因子分析结果

成分	初始特征值			提取载荷平方和			旋转载荷平方和		
	总计	方差百分比	累积 %	总计	方差百分比	累积 %	总计	方差百分比	累积 %
1	13.809	25.571	25.571	13.809	25.571	25.571	3.311	6.132	6.132
2	3.552	6.578	32.150	3.552	6.578	32.150	3.109	5.757	11.888
3	3.312	6.134	38.284	3.312	6.134	38.284	2.963	5.487	17.375
4	2.596	4.807	43.090	2.596	4.807	43.090	2.833	5.246	22.622
5	2.244	4.155	47.246	2.244	4.155	47.246	2.748	5.089	27.711
6	2.115	3.918	51.163	2.115	3.918	51.163	2.654	4.914	32.625

---

[1] The Partial Least Squares Approach to Structural Equation Modeling [M]. In G A Marcoulides (Ed.), Modern Methods for Business Research. Mahwah, NJ, US: Lawrence Erlbaum Associates Publishers, 1998.

[2] 徐云杰. 社会调查设计与数据分析[M]. 重庆:重庆大学出版社, 2011:267.

[3] 周浩,龙立荣. 共同方法偏差的统计检验与控制方法[J]. 心理科学进展, 2004, 12(6):942-950.

[4] Podsakoff P M, Mackenzie S B, Lee J Y, et al. Common Method Biases in Behavioral Research: A Critical Review of the Literature and Recommended Remedies [J]. Journal of Applied Psychology, 2003, 88(5):879-903.

续表

成分	初始特征值			提取载荷平方和			旋转载荷平方和		
	总计	方差百分比	累积 %	总计	方差百分比	累积 %	总计	方差百分比	累积 %
7	1.937	3.587	54.750	1.937	3.587	54.750	2.628	4.867	37.492
8	1.835	3.398	58.148	1.835	3.398	58.148	2.558	4.737	42.228
9	1.765	3.269	61.417	1.765	3.269	61.417	2.546	4.714	46.942
10	1.705	3.158	64.575	1.705	3.158	64.575	2.526	4.678	51.620
11	1.552	2.873	67.449	1.552	2.873	67.449	2.485	4.602	56.222
12	1.453	2.691	70.140	1.453	2.691	70.140	2.412	4.467	60.690
13	1.205	2.231	72.371	1.205	2.231	72.371	2.384	4.415	65.105
14	1.090	2.018	74.389	1.090	2.018	74.389	2.375	4.398	69.503
15	1.060	1.963	76.353	1.060	1.963	76.353	2.347	4.346	73.849
16	0.945	1.750	78.103	0.945	1.750	78.103	2.297	4.254	78.103
17	0.560	1.037	79.140						
18	0.487	0.902	80.042						
19	0.454	0.841	80.883						
20	0.431	0.797	81.680						
21	0.421	0.780	82.460						
22	0.418	0.773	83.233						
23	0.409	0.758	83.992						
24	0.404	0.748	84.740						
25	0.382	0.707	85.447						
26	0.373	0.690	86.138						
27	0.364	0.674	86.812						
28	0.359	0.666	87.478						
29	0.349	0.646	88.124						
30	0.341	0.631	88.755						

续表

成分	初始特征值			提取载荷平方和			旋转载荷平方和		
	总计	方差百分比	累积 %	总计	方差百分比	累积 %	总计	方差百分比	累积 %
31	0.334	0.619	89.374						
32	0.327	0.606	89.979						
33	0.321	0.595	90.575						
34	0.321	0.594	91.169						
35	0.313	0.579	91.748						
36	0.308	0.571	92.319						
37	0.289	0.536	92.855						
38	0.286	0.530	93.385						
39	0.285	0.528	93.913						
40	0.274	0.507	94.420						
41	0.267	0.495	94.914						
42	0.261	0.483	95.397						
43	0.251	0.465	95.862						
44	0.248	0.460	96.322						
45	0.236	0.438	96.759						
46	0.233	0.432	97.191						
47	0.227	0.421	97.612						
48	0.219	0.406	98.019						
49	0.204	0.379	98.397						
50	0.187	0.347	98.744						
51	0.186	0.345	99.089						
52	0.177	0.329	99.418						
53	0.159	0.295	99.713						
54	0.155	0.287	100.000						

提取方法:主成分分析法。

从上表可以看出,第一主成分因子的方差百分比小于40%,为25.571%。因此可以认为,本章研究中的共同方法偏差效应不显著。

6.2 变量信效度检验

6.2.1 信度检验

信度(Reliability)检验主要用于衡量表中所获结果的一致性(Consistency)和稳定性(stability),量表信度越高,测量标准误差越小。通常,我们通过 α 系数(Cronbach's Alpha)的大小来判断问卷的信度的大小。问卷信度可接受程度由早期的高于0.5发展为现在的0.6,而高于0.8时则认为问卷信度十分优异。

从表6-4可以看出,本次研究的问卷包含的变量个人数字存档意识、个人数字存档能力、个人数字存档知识、个人数字存档素养、先前经验、个人习惯、自我效能、主动性人格、感知易用性、感知有用性、技术环境的改变、任务复杂性、感知风险、心流体验、感知参考价值、感知凭证价值、感知情感价值、感知价值和个人数字存档行为的 α 系数都在0.83以上,这个结果可以表明,问卷信度十分优异。

表6-4 测量量表的 Cronbach's Alpha 值

潜在变量	题项数	Cronbach's Alpha
个人数字存档意识	3	0.859
个人数字存档能力	3	0.868
个人数字存档知识	3	0.844
个人数字存档素养	9	0.889
先前经验	4	0.878
个人习惯	3	0.839
自我效能	3	0.851
主动性人格	3	0.889
感知易用性	3	0.880
感知有用性	4	0.900

续表

潜在变量	题项数	Cronbach's Alpha
技术环境的改变	3	0.901
任务复杂性	3	0.894
感知风险	3	0.863
心流体验	3	0.852
感知参考价值	3	0.839
感知凭证价值	3	0.848
感知情感价值	3	0.903
感知价值	9	0.897
个人数字存档行为	4	0.897

6.2.2   效度检验

效度（Validity）检验用于检验测量对象的有效性是否能被检测结果真实地体现。本文变量的效度体现在四个方面，分别是内容效度（Content Validity）、结构效度（Construct Validity）、区分效度（Discriminant Validity）和收敛效度（Convergent Validity）。

内容效度是测度项语义内容上的正确性。对于内容效度而言，由于本研究中所有题项均来源或改编自已有文献，且在大范围调查之前笔者有咨询过专家意见并进行了一轮调查，对题项进行了反复斟酌与完善，因此，保证了测量量表的内容效度。

结构效度是测验理论上能够测量的结构或特质的程度。笔者对结构效度的测量将使用主成分分析法进行因子分析，分析结果显示前 16 个公因子对总方差的累积解释量大于 50%，且在单一维度上，所有题目的因子负荷皆大于 0.6，跨因子负荷现象并未出现。这说明，研究变量被问卷中的题目很好地描述了，具体如表 6-5 所示。

表 6-5　选择因子载荷矩阵

	成分															
	1	2	3	4	5	6	7	8	9	10	11	12	13	14	15	16
PU4	0.857	0.070	0.060	0.085	0.054	0.049	0.067	0.002	0.088	0.033	0.070	0.074	0.028	0.056	0.075	-0.004
PU1	0.855	0.032	0.049	0.083	0.065	0.048	0.017	0.059	0.002	0.029	0.077	0.052	0.081	0.058	0.043	0.050
PU3	0.839	0.052	0.030	0.038	0.086	0.045	0.095	0.043	0.061	0.051	0.057	0.111	0.067	0.036	0.075	0.068
PU2	0.837	0.086	0.103	0.022	0.060	0.044	0.052	0.037	0.092	0.092	0.108	0.106	0.032	0.068	0.057	0.023
PE2	0.071	0.828	0.013	0.120	0.034	0.078	0.047	0.045	0.036	0.055	0.020	0.072	0.041	0.036	0.066	0.035
PE1	0.021	0.825	0.052	0.019	0.087	0.087	0.067	0.110	0.063	0.013	0.063	0.072	0.077	0.083	0.037	0.013
PE3	0.032	0.823	0.062	0.094	0.085	0.121	0.100	-0.009	0.117	0.038	0.059	0.016	0.061	0.083	0.017	0.056
PE4	0.111	0.819	0.034	0.079	0.041	0.056	0.063	0.012	0.135	0.057	0.074	0.040	0.057	0.066	0.006	0.016
PEV2	0.093	0.086	0.849	0.078	0.019	0.084	0.065	0.020	0.045	0.051	0.058	0.057	0.193	0.060	0.257	0.052
PEV3	0.069	0.032	0.842	0.094	0.029	0.064	0.084	0.058	0.093	0.059	0.052	0.014	0.194	0.090	0.186	0.056
PEV1	0.107	0.062	0.799	0.066	0.052	0.050	0.069	0.001	0.080	0.052	0.115	0.072	0.231	0.076	0.227	0.047
CTE2	0.074	0.107	0.084	0.874	0.115	0.132	0.053	0.026	0.084	0.039	0.072	0.129	0.029	0.068	0.059	0.112
CTE3	0.059	0.105	0.088	0.854	0.092	0.079	0.034	0.048	0.161	0.024	0.070	0.103	0.052	0.063	0.048	0.069
CTE1	0.107	0.120	0.050	0.843	0.138	0.112	0.113	0.032	0.081	0.055	0.110	0.060	0.050	0.052	0.038	0.047
TC1	0.082	0.090	-0.003	0.110	0.873	0.076	0.053	0.027	0.119	0.046	0.103	0.073	0.064	0.101	0.040	0.056

续表

成分

	1	2	3	4	5	6	7	8	9	10	11	12	13	14	15	16
TC3	0.110	0.071	0.075	0.074	0.860	0.023	0.056	0.033	0.095	0.063	0.031	0.109	0.062	0.123	0.039	0.050
TC2	0.080	0.095	0.019	0.158	0.843	0.113	0.069	0.043	0.128	0.027	0.112	0.085	0.029	0.118	0.040	0.058
PP1	0.065	0.089	0.071	0.089	0.084	0.866	0.120	0.073	0.112	0.045	0.060	0.009	0.052	0.088	0.075	0.022
PP3	0.051	0.114	0.068	0.117	0.054	0.857	0.159	0.038	0.119	0.055	0.076	0.093	0.044	0.101	0.069	0.029
PP2	0.070	0.148	0.042	0.106	0.067	0.840	0.074	0.049	0.050	0.035	0.106	0.032	0.047	0.070	0.015	0.044
PEU3	0.085	0.084	0.068	0.086	0.090	0.113	0.865	0.046	0.056	0.066	0.069	0.068	0.076	0.053	0.069	0.004
PEU1	0.086	0.110	0.058	0.040	0.048	0.147	0.860	0.008	0.073	0.055	0.076	0.067	−0.009	0.081	0.006	0.085
PEU2	0.057	0.082	0.065	0.060	0.033	0.079	0.846	0.059	0.090	0.016	0.101	0.112	0.059	0.039	0.098	0.062
PDAA3	0.043	0.016	0.043	0.046	0.042	0.046	0.025	0.847	0.039	0.109	0.085	0.059	0.044	0.088	−0.011	0.182
PDAA1	0.057	0.062	0.017	0.050	0.001	0.067	0.016	0.843	0.059	0.234	0.061	0.009	0.077	0.079	0.038	0.194
PDAA2	0.044	0.094	0.012	0.006	0.060	0.053	0.080	0.788	0.042	0.214	0.057	0.039	0.045	0.022	0.097	0.241
PR1	0.092	0.129	0.041	0.102	0.097	0.112	0.090	0.052	0.837	0.071	0.095	0.092	0.059	0.019	0.059	0.030
PR2	0.070	0.123	0.066	0.131	0.109	0.078	0.089	0.055	0.824	0.124	0.072	0.090	0.069	0.043	0.047	0.040
PR3	0.083	0.113	0.093	0.089	0.138	0.091	0.050	0.032	0.817	0.057	0.065	0.087	0.052	0.101	0.063	0.085
PDAS1	0.056	0.071	0.080	0.048	0.037	0.051	0.068	0.158	0.079	0.818	0.077	0.083	0.085	0.085	0.056	0.139

续表

	1	2	3	4	5	6	7	8	9	10	11	12	13	14	15	16
											成分					
PDAS2	0.087	0.055	0.060	0.070	0.016	0.008	0.039	0.202	0.080	0.805	0.037	0.098	0.077	0.082	0.048	0.253
PDAS3	0.075	0.048	0.015	0.002	0.090	0.080	0.039	0.201	0.102	0.803	0.031	0.080	-0.015	0.080	0.069	0.202
FE2	0.129	0.044	0.062	0.076	0.061	0.097	0.068	0.056	0.062	0.099	0.846	0.086	0.081	0.074	0.036	0.051
FE3	0.041	0.066	0.036	0.069	0.086	0.073	0.093	0.064	0.067	0.054	0.831	0.091	0.085	0.069	0.074	0.090
FE1	0.146	0.107	0.101	0.095	0.088	0.068	0.085	0.076	0.096	-0.015	0.814	0.045	0.041	0.066	0.033	0.079
SE1	0.170	0.057	-0.008	0.086	0.066	-0.004	0.111	-0.015	0.085	0.068	0.035	0.829	0.049	0.112	0.039	0.128
SE2	0.075	0.062	0.059	0.117	0.091	0.080	0.054	0.036	0.090	0.095	0.085	0.828	0.063	0.038	0.074	0.078
SE3	0.105	0.084	0.073	0.075	0.104	0.052	0.088	0.088	0.087	0.079	0.105	0.823	0.073	0.063	0.038	0.057
PSV1	0.069	0.115	0.123	0.063	0.031	0.043	0.016	0.034	0.058	0.057	0.039	0.093	0.818	0.067	0.223	0.050
PSV2	0.073	0.081	0.252	0.060	0.063	0.047	0.073	0.095	0.064	0.025	0.107	0.053	0.789	0.044	0.154	0.053
PSV3	0.082	0.061	0.232	0.010	0.073	0.062	0.049	0.047	0.066	0.066	0.084	0.052	0.788	0.048	0.212	0.081
PH1	0.078	0.095	0.053	0.056	0.152	0.049	0.040	0.054	0.080	0.069	0.059	0.032	0.055	0.835	0.060	0.056
PH3	0.058	0.135	0.079	0.068	0.085	0.119	0.036	0.061	0.051	0.070	0.098	0.079	0.002	0.823	0.041	0.044
PH2	0.076	0.035	0.066	0.048	0.089	0.082	0.096	0.069	0.024	0.086	0.050	0.096	0.088	0.815	0.084	0.120
PRV3	0.134	0.068	0.166	0.016	0.042	0.015	0.062	0.104	0.111	0.094	0.029	0.063	0.226	0.047	0.790	0.004

续表

| | 成分 | | | | | | | | | | | | | | | |
	1	2	3	4	5	6	7	8	9	10	11	12	13	14	15	16
PRV1	0.134	0.049	0.268	0.048	0.049	0.079	0.032	0.006	0.058	0.044	0.058	-0.013	0.181	0.130	0.789	0.086
PRV2	0.016	0.020	0.241	0.088	0.040	0.079	0.100	0.014	0.014	0.042	0.073	0.115	0.207	0.040	0.780	-0.005
PDAK3	0.031	0.042	0.077	0.067	0.061	0.049	0.089	0.226	-0.006	0.206	0.074	0.080	0.047	0.073	-0.021	0.807
PDAK2	0.087	0.058	0.048	0.099	0.041	0.052	0.026	0.232	0.075	0.159	0.102	0.143	0.068	0.109	0.045	0.780
PDAK1	0.032	0.028	0.032	0.082	0.079	0.002	0.057	0.217	0.106	0.263	0.076	0.075	0.074	0.073	0.061	0.756
总计	3.196	3.035	2.505	2.501	2.482	2.464	2.453	2.417	2.372	2.359	2.342	2.339	2.310	2.305	2.249	2.240
方差百分比	6.392	6.070	5.010	5.001	4.965	4.928	4.906	4.835	4.744	4.718	4.684	4.677	4.619	4.609	4.499	4.480
累积%	6.392	12.462	17.472	22.473	27.438	32.366	37.272	42.107	46.851	51.569	56.253	60.930	65.550	70.159	74.657	79.137

备注:SE:自我效能;PH:个人习惯;PDAS:个人数字存档意识;PDAA:个人数字存档能力;PDAK:个人数字存档知识;PE:先前经验;PP:主动性人格;FE:心流体验;TC:任务复杂性;PU:感知有用性;PEU:感知易用性;PR:感知风险;PSV:感知情感价值,PRV:感知参考价值;PEV:感知凭证价值,PRV:感知参考价值;CTE:技术环境的改变;PDA:个人数字存档行为。

139

　　收敛效度是一个理论构件内所有测度项是否在一起一致反映这个理论构件。一般认为,具有良好的收敛效度的量表,其潜在变量的平均抽取方差(Average Variance Extracted,AVE)需要大于0.5。① 通过 SmartPLS 软件获得标准化载荷系数,具体数值如表6-6所示。

　　可以看出,问卷中所有题项的因子载荷都通过了 t 值检验,且大于0.7。问项与误差方差之间的共同方差小于潜在变量与题项之间的,同时各潜变量(维度)的 AVE 值均大于0.73,这充分说明研究问卷量表具有良好的收敛效度,如表6-6所示。

表6-6　题项标准化载荷系数

潜在变量	题项	因子载荷	T Statistics	AVE	CR
个人数字存档意识	PDAS1	0.866	74.138	0.780	0.914
	PDAS2	0.902	122.287		
	PDAS3	0.881	93.422		
个人数字存档能力	PDAA1	0.915	134.480	0.792	0.919
	PDAA2	0.883	92.092		
	PDAA3	0.871	73.153		
个人数字存档知识	PDAK1	0.866	81.866	0.762	0.906
	PDAK2	0.872	88.330		
	PDAK3	0.880	96.048		
先前经验	PE1	0.857	61.945	0.733	0.916
	PE2	0.847	62.941		
	PE3	0.866	69.727		
	PE4	0.854	63.973		

---

① Straub D, Boudreau M C, Gefen D. Validation Guidelines for IS Positivist Research [J]. Communications of the Association for Information Systems, 2004, 13(1): 380-427.

续表

潜在变量	题项	因子载荷	T Statistics	AVE	CR
个人习惯	PH1	0.878	77.866	0.756	0.903
	PH2	0.864	70.854		
	PH3	0.867	78.029		
自我效能	SE1	0.872	72.344	0.770	0.910
	SE2	0.880	79.966		
	SE3	0.881	79.380		
主动性人格	PP1	0.910	106.300	0.818	0.931
	PP2	0.884	78.813		
	PP3	0.920	127.611		
感知易用性	PEU1	0.891	86.744	0.807	0.926
	PEU2	0.890	87.034		
	PEU3	0.914	125.665		
感知有用性	PU1	0.869	74.757	0.770	0.931
	PU2	0.887	102.282		
	PU3	0.874	74.119		
	PU4	0.881	82.726		
技术环境的改变	CTE1	0.900	100.580	0.835	0.938
	CTE2	0.932	165.064		
	CTE3	0.908	111.668		
任务复杂性	TC1	0.918	140.704	0.827	0.935
	TC2	0.914	140.870		
	TC3	0.896	96.926		
感知风险	PR1	0.886	82.748	0.785	0.917
	PR2	0.886	84.624		
	PR3	0.887	101.553		

续表

潜在变量	题项	因子载荷	T Statistics	AVE	CR
心流体验	FE1	0.880	76.284	0.772	0.910
	FE2	0.886	79.711		
	FE3	0.870	67.311		
感知参考价值	PRV1	0.886	99.408	0.757	0.903
	PRV2	0.861	76.364		
	PRV3	0.862	77.557		
感知凭证价值	PEV1	0.867	82.218	0.768	0.908
	PEV2	0.877	89.880		
	PEV3	0.885	102.195		
感知情感价值	PSV1	0.904	112.668	0.838	0.940
	PSV2	0.935	184.571		
	PSV3	0.907	119.221		
个人数字存档行为	PDA1	0.885	102.450	0.766	0.929
	PDA2	0.863	80.782		
	PDA3	0.878	96.929		
	PDA4	0.874	89.648		

区分效度是指理论构件的测度项之间是否有明确语义区分要求。通过比较潜在变量间的相关系数和 AVE 平方根值能够测量区分效度。一般认为,具有较好理想效度的量表,潜在变量与其他潜在变量之间的相关系数均小于各潜在变量的 AVE 平方根。[①] 表 6-7 是潜在变量间的相关系数和 AVE 平方根值(斜对角线上加粗的值),从表中可以看出,各个潜变量的 AVE 值均大于 0.50,且其与其他潜在变量之间的相关系数均小于其 AVE 平方根。这充分说明研究问卷量表具有良好的区分效度。

---

① Fornell C A, Larcker D F. Evaluating Structural Equation Models with Unobservable Variables and Measurement Error[J]. Journal of Marketing Research, 1981(1): 39-50.

表6-7 潜在变量间的相关系数和 AVE 的平方根

	PDAS	PDAA	PDAK	PE	PH	SE	PP	FEU	PU	CTE	TC	PR	FE	PRV	PEV	PSV	PDA
PDAS	0.883																
PDAA	0.487	0.890															
PDAK	0.538	0.543	0.873														
PE	0.183	0.169	0.164	0.856													
PH	0.262	0.217	0.271	0.243	0.870												
SE	0.275	0.174	0.297	0.209	0.242	0.878											
PP	0.185	0.186	0.171	0.292	0.265	0.192	0.904										
FEU	0.186	0.158	0.201	0.244	0.208	0.260	0.320	0.898									
PU	0.208	0.155	0.178	0.194	0.211	0.290	0.191	0.214	0.878								
CTE	0.185	0.158	0.258	0.280	0.225	0.296	0.311	0.229	0.223	0.914							
TC	0.192	0.152	0.218	0.238	0.318	0.280	0.241	0.211	0.240	0.330	0.909						
PR	0.275	0.189	0.231	0.308	0.223	0.291	0.295	0.252	0.239	0.330	0.337	0.886					
FE	0.203	0.223	0.267	0.220	0.243	0.258	0.261	0.260	0.273	0.271	0.264	0.266	0.878				
PRV	0.218	0.168	0.172	0.169	0.237	0.212	0.212	0.220	0.250	0.204	0.180	0.231	0.212	0.870			
PEV	0.211	0.204	0.232	0.231	0.211	0.233	0.200	0.193	0.222	0.199	0.202	0.239	0.254	0.535	0.876		
PSV	0.205	0.143	0.205	0.191	0.240	0.198	0.226	0.230	0.240	0.250	0.165	0.249	0.248	0.566	0.529	0.916	
PDA	0.431	0.403	0.445	0.406	0.523	0.422	0.423	0.412	0.419	0.491	0.567	0.578	0.409	0.480	0.501	0.518	0.875

备注:SE:自我效能;PH:个人人格;FE:心流体验;PDAS:个人数字存档意识;PDAA:个人数字存档知识;PDAK:个人数字存档能力;PE:先前经验;PP:主动性人格;TC:任务复杂性;PEU:感知有用性;PU:感知易用性;PR:感知风险;PSV:感知情感价值;PRV:感知参考价值;PEV:感知情感价值;CTE:技术环境的改变;PDA:个人数字存档行为。

6.3 结构模型验证

在确定了量表具有理想信效度的前提下,笔者进一步进行结构模型检验。结构模型描述了模型中潜在变量之间的关系,对其进行检验,可以得到路径系数与前文中所提假设的显著性。通过 SmartPLS2.0 将科研人员个人数字存档行为模型图转化为 54 个观测变量的结构模型路径图(如图 6-1 所示)。

本研究采用 SmartPLS2.0 对标准路径系数的 t 值进行检验,并计算其 p 值。一般来说,bootstrapping 重复抽样的标准应大于 500[①],基于此笔者选取重复抽样数为 2000,以检验路径系数的显著性。运算结果如表 6-8 所示。

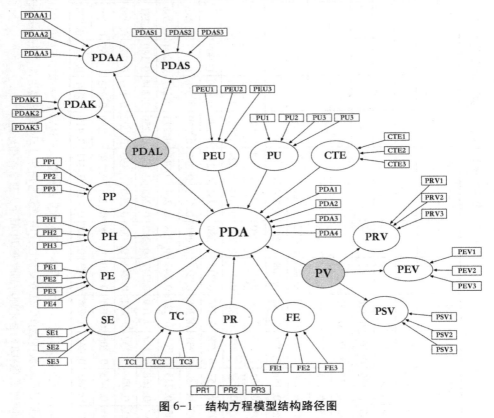

图 6-1 结构方程模型结构路径图

---

① Wetzels M, Odekerken-Schroder G, van Oppen C. Using PLS Path Modeling for Assessing Hierarchical Construct Models: Guidelines and Empirical Illustration [J]. MIS Quarterly, 2009, 33(1): 177-195.

表 6-8 模型参数影响表

	AVE	Composite Reliability	R Square	Cronbachs Alpha	Communality
PDAS	0.780	0.914	0.666	0.859	0.780
PDAA	0.792	0.919	0.673	0.868	0.792
PDAK	0.762	0.906	0.707	0.844	0.762
PDAL	0.530	0.910		0.889	0.530
PE	0.733	0.916		0.878	0.733
PH	0.756	0.903		0.839	0.756
SE	0.770	0.910		0.851	0.770
PP	0.818	0.931		0.889	0.818
FEU	0.807	0.926		0.881	0.807
PU	0.770	0.931		0.901	0.770
CTE	0.835	0.938		0.901	0.835
TC	0.827	0.935		0.896	0.827
PR	0.785	0.917		0.864	0.785
FE	0.772	0.910		0.852	0.772
PRV	0.757	0.903	0.694	0.839	0.757
PEV	0.768	0.908	0.668	0.849	0.768
PSV	0.838	0.940	0.724	0.903	0.838
PV	0.548	0.916		0.897	0.548
PDA	0.766	0.929	0.786	0.898	0.766

从表 6-8 可以看出,研究模型的组合信度大于0.7,一般认为组合信度越高变量之间的内在关联性与一致性程度就越高,大于 0.6 则可认为组合信度较好,因此可以认为,本文中研究模型的构建十分合理;研究模型的 R^2 大于 0.66,一般来说,内生潜变量未能被内部模型解释的方差越小 R^2 就越大,因此,可以认为本研究模型各变量被较好地进行了解释;共性方差 Communality 平均值为

0.759，大于一般所要求的 0.5，这说明研究模型构建具有良好的效果；科研人员个人数字存档行为影响因素研究模型的具体测量结果见图 6-2。

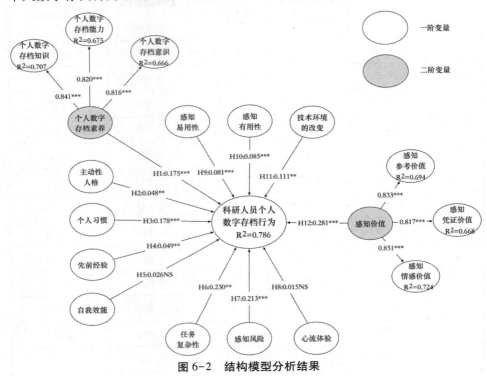

图 6-2　结构模型分析结果

从图 6-2 可以看出，科研人员个人数字存档行为的 R^2 为 0.786，表明研究模型预测效果良好。[1] 个人数字存档素养到个人数字存档意识（β = 0.816，p < 0.001）、个人数字存档素养到个人数字存档能力（β = 0.820，p < 0.001）、个人数字存档素养到个人数字存档知识（β = 0.841，p < 0.001）的路径都大于 0.8，且达到显著水平，说明个人数字存档素养的二阶得到了验证；同理，感知价值到感知凭证价值（β = 0.817，p < 0.001）、感知价值到对感知参考价值（β = 0.833，p < 0.001）、感知价值到感知情感价值（β = 0.851，p < 0.001）路径都也大于 0.8，且达到显著水平，说明感知价值的二阶得到了验证。

前文提出的 12 个研究假设中有 10 个得到了验证。

① Straub D, Boudreau M C, Gefen D. Validation Guidelines for IS Positivist Research［J］. Communications of the Association for Information Systems, 2004, 13(1)：380-427.

　　从个体视角的维度看,自我效能对科研人员个人数字存档行为不存在显著的影响($\beta=0.026$,P>0.05),因此假设 H5 不成立。而科研人员的个人数字存档素养、主动性人格、个人习惯和先前经验对科研人员个人数字存档行为均产生显著影响(P<0.05),因此,假设 H1、假设 H2、假设 H3 和假设 H4 成立;从任务视角的维度看,任务复杂性和感知风险对科研人员个人数字存档行为产生了显著影响(P<0.05),因此,假设 H6 和假设 H7 成立。而心流体验对科研人员个人数字存档行为并不存在显著影响($\beta=0.015$,P>0.05),因此假设 H8 不成立;从技术视角的维度看,感知易用性、感知有用性和技术环境的改变对科研人员个人数字存档行为存在显著的影响(P<0.05),因此,假设 H9、假设 H10 和假设 H11 成立;从对象视角维度看,科研人员对个人数字存档对象价值的感知对科研人员个人数字存档行为产生了显著影响(P<0.05),因此,假设 H12 成立。结构模型的路径系数及显著性水平见表 6-9。

表 6-9　结构模型的路径系数及显著性水平

路径	路径系数	T 值	显著性
个人数字存档素养→个人数字存档行为	0.175	8.140	Yes＊＊＊
先前经验→个人数字存档行为	0.049	2.354	Yes＊＊
个人习惯→个人数字存档行为	0.178	7.804	Yes＊＊＊
自我效能→个人数字存档行为	0.026	1.225	No
主动性人格→个人数字存档行为	0.048	2.185	Yes＊＊
感知易用性→个人数字存档行为	0.081	3.595	Yes＊＊＊
感知有用性→个人数字存档行为	0.085	3.925	Yes＊＊＊
技术环境改变→个人数字存档行为	0.111	4.671	Yes＊＊
任务复杂性→个人数字存档行为	0.230	9.534	Yes＊＊＊
感知风险→个人数字存档行为	0.213	9.163	Yes＊＊＊
心流体验→个人数字存档行为	0.015	0.708	No
感知价值→个人数字存档行为	0.281	12.110	Yes＊＊＊

　　备注:＊p<0.05;＊＊p<0.01;＊＊＊p<0.001;NS:不显著。

结合图6-2和表6-9可以知道,本书构建的科研人员个人数字存档行为影响因素研究模型中大部分假设都得到了验证。具体见表6-10所示。

表6-10 研究假设检验结果

假设	假设内容	检验结果
H1	个人数字存档素养对科研人员个人数字存档行为有正向影响	支持
H2	主动性人格对科研人员个人数字存档行为有正向影响	支持
H3	个人习惯对科研人员个人数字存档行为有正向影响	支持
H4	先前经验对科研人员个人数字存档行为有正向影响	支持
H5	自我效能对科研人员个人数字存档行为有正向影响	不支持
H6	任务复杂性对科研人员个人数字存档行为有负向影响	支持
H7	感知风险对科研人员个人数字存档行为有负向影响	支持
H8	心流体验对科研人员个人数字存档行为有正向影响	不支持
H9	感知易用性对科研人员个人数字存档行为有正向影响	支持
H10	感知有用性对科研人员个人数字存档行为有正向影响	支持
H11	技术环境的改变对科研人员个人数字存档行为有正向影响	支持
H12	感知价值对科研人员个人数字存档行为有正向影响	支持

6.4 结果讨论

上文对科研人员个人数字存档行为影响因素的概念模型进行了验证,本节将对验证结果进行分析和讨论。

6.4.1 个体视角科研人员个人数字存档行为的影响因素讨论

本研究情境中,基于个体视角影响科研人员个人数字存档行为的因素主要包括个人数字存档素养、主动性人格、个人习惯与先前经验,这四个因素通过了验证,而自我效能这一变量并未通过验证。

从图6-2可以看出,在上述基于个体视角所验证的四个变量中,个人习惯对科研人员个人数字存档行为的正向影响作用最强。这一结果表明,当科研人员由于多次重复而将个人数字存档行为渗透进日常生活,形成了相对固定的行为模式后,进行个人数字存档对他们而言已成为一件十分自然的事情。个人数字存档行为对于他们而言已成为一种连续行为并演化成某些情况下的自动反应。这与已有的研究结果也是一致的。Pee 等考察了个人习惯对非工作相关中计算机使用的影响,研究发现,个人习惯对于非工作中计算机使用行为同样具有重要影响。① 赵青等人研究发现,用户的个人习惯会通过惯性的作用,使得网络产生某种黏性倾向,进而显著地对网络用户的持续使用产生正向影响。② 王建亚和程慧平研究发现,用户的个人习惯会影响对云存储的采纳,即使在感觉云存储有用的情况下还是会选择自己所习惯的传统存储设备,而不愿意尝试新技术。因此,个人习惯对于用户使用行为有重要影响。③ 另外,从前文扎根理论中的原始访谈文本,也能够发现部分科研人员提到在一些无意识的情况下也会进行个人数字存档行为,有时候他们并不出于任何目的存储自己的数字材料,更多人称这已成为"一种惯性",他们一些情况下并不是出于感知该数字材料对自己的价值或者其他因素考虑而对其进行保存,仅仅是出于习惯。因此,通过各种方式鼓励科研人员养成定期对自己的数字材料进行整理和保存的习惯,激励一些原本并不经常保存自己的数字材料的群体渐渐开始持续地进行个人数字存档行为。

个人数字存档素养是个体视角下影响科研人员个人数字存档行为的第二关键因子。个人数字存档素养作为二阶变量,较好地体现在个人数字存档意识、个人数字存档能力和个人数字存档知识三个方面。(1)个人数字存档意识的显著性影响说明科研人员的个人数字存档意识是推动科研人员进行个人数字存档行为的前置动因之一。科研人员个人数字存档意识越强,则越容易产生个人数字存档行为。这与现有的研究也是一致的。周瑛和刘越考察了大学生数字信息备份的影响因素,研究发现大学生的数据备份意识是其数字信息备份行为首要影响因素。④ 之前的扎根理论访谈也显示出,多数科研人员在没有意识到个人数字存档的重要性之前基本上是忽略了对一些材料的存储,而在具备

①　Pee L G, Woon I M Y, Kankanhalli A. Explaining Non-work-related Computing in the Workplace: A Comparison of Alternative Models[J]. 2008. Information &Management, 2008,31(4):705-737.

②　赵青,张利,薛君.网络用户黏性行为形成机理及实证分析[J].情报理论与实践,2012(10):25-29.

③　王建亚,程慧平.个人云存储用户采纳行为影响因素的质性研究[J].情报杂志,2017,36(6):181-185.

④　周瑛,刘越.大学生数字信息备份行为的影响因素研究[J].情报探索,2018(1):17-22.

了一定的存档意识后,则会开始定期地对自己的数字材料进行存储和整理。很多人都提到了自己是从什么时候开始进行个人数字存档行为,大部分人是在开始使用电脑、在想要找寻一些材料却不方便时,或者在吃过亏后开始意识到存档的重要性,进而开始产生个人数字存档行为。(2)个人数字存档能力的显著性说明,科研人员个人数字存档能力越强,他们会选择进行个人数字存档行为的可能性就越大。这与前人的研究结果也同样是一致的。郭学敏探索了个人数字存档行为的中介效应,研究结果发现,个人数字存档意识与个人数字存档能力相互影响,而他们又共同对个人数字存档行为产生显著影响。[①] 前文扎根理论阶段,一些受访者也提到在具有相关能力的前提下,进行个人数字存档效率会更高,能够节省更多的时间,在能够做得很好的情况下会更加愿意去做这件事情。个人数字存档能力也会对科研人员进行个人数字存档产生一定的正向影响。(3)个人数字存档能力的显著性说明,科研人员感知到自己所拥有的个人数字存档相关的知识越多,他们更可能产生个人数字存档行为。通过之前扎根理论的访谈文本也可以看出,除了个人数字存档意识和个人数字存档能力外,许多人也提到了个人数字存档知识的重要性,具有更多的个人数字存档知识的部分群体会更加倾向于进行个人数字存档行为。

此外,图6-2也显示,先前经验对科研人员个人数字存档行为也具有关键作用。这一结果表明,科研人员对个人数字存档行为的熟悉程度会对他们的个人数字存档行为产生影响。这与已有的研究结论也是基本一致的。程慧平和王建亚研究发现,云存储用户的使用年限和经验会对其使用意愿产生影响。[②] 云存储是个人数字存档主要的方式之一,具备先前经验的个体会相对具备更多相应的知识和能力,对一些个人数字存档工具也更为熟悉,更加容易适应各种变化,对自己能够很好地完成个人数字存档具有一定把握,更容易产生个人数字存档行为。周键提出,先前经验对网络相关能力具有正向相关。[③] 具备先前经验可以让科研人员拥有更加完善的个人数字存档方式,熟悉更多更好的个人数字存档工具,科研人员这个群体往往会有更强烈的存档需求,对存档工具、保

① 郭学敏.个人数字存档行为中介效应实证研究——基于中国网民的随机问卷调查[J].档案学通讯,2018(5):17-25.

② 程慧平,王建亚.用户特征对个人云存储使用的影响[J].现代情报,2017,37(5):19-27.

③ 周键.创业者社会特质、创业能力与创业企业成长机理研究[D].济南:山东大学,2017:68.

存形式是否能够便于查找等相关方面的要求也更高。部分科研人员会拥有一套自己相对比较完善实用的存档方式和标准，他们在拥有个人经验的前提下，也会更倾向于继续使用之前自己比较熟悉的存档方式继续进行存档。

　　除了个人习惯、个人数字存档素养和先前经验，基于个体视角的主动性人格也对科研人员个人数字存档行为有显著影响。这一结果表明，拥有主动性的人格的个体会更加倾向于主动通过不同的方式保存自己的数字材料，即使在这项行为中，会有一些挑战和困难，主动性人格高的人会积极面对，通过各种方法改变现状从而达到目的。这与现有的研究结果也是一致的。Bateman 等人认为主动性人格是一种较为稳定的人格特质，它指个体不受周围环境阻力的制约，主动采取行动改变外界环境的性格特征。① 本研究中，个人数字存档行为是指个体主动通过不同的方式保存自己的数字材料的行为，可以看出，该行为具有明显的主动性。在访谈中，许多人也提到是否会进行个人数字存档行为与每个人自身人格与个性有关，其中那些能动性、执行力比较强的人他们会更加倾向于主动进行个人数字存档行为，而做事拖沓，犹豫的人则相反。

　　但是，从图 6-2 可以看出，自我效能对科研人员个人数字存档行为影响不显著。这与已有的研究结果不一致。Kuo 和 Belland 对美国成年学生使用计算机和网络的自我效能感与学业自我效能感之间的关系进行了研究，研究发现，与高级电脑技能或互联网任务（例如加密/解密和系统操作）相比，成年学生在执行基本电脑或软件技能和互联网浏览操作方面表现出更高的信心。计算机自我效能感和网络自我效能感在计算机掌握水平高低的学习者之间存在显著差异。计算机自我效能感、网络自我效能感与学业自我效能感呈正相关。计算机自我效能感和网络自我效能感都是学业自我效能感的显著预测因子。② 而在本研究中，自我效能对科研人员个人数字存档行为的作用并不显著，其原因可能是：本书的研究群体为科研人员，在访谈中也可以发现，他们大多对是否能够做好个人数字存档十分有自信。即便是年龄较大的科研人员，他们也需要经常

　　① Bateman T S, Crant J M. The Proactive Component of Organizational Behavior: A Measure and Correlates[J]. Journal of Organizational Behavior, 1993, 14 (2) :103-118.

　　② Kuo Y C, Belland B R. Exploring the Relationship between African American Adult Learners' Computer, Internet, and Academic Self-efficacy, and Attitude Variables in Technology-supported Environments [J]. Journal of Computing in Higher Education, 2019, 31 (3):626-642.

性使用计算机和一些软件,他们的网络自我效能同样也比较高。在这种情况下,自我效能的高低可能并不足以激发科研人员进行个人数字存档行为。

6.4.2　任务视角科研人员个人数字存档行为的影响因素讨论

本研究中基于任务视角的三个影响因素中,任务复杂性和感知风险通过了验证,而心流体验并未通过验证。

从图 6-2 可以看出,基于任务视角通过验证的因素中,任务复杂性对科研人员个人数字存档行为的影响最强。这一结果表明,科研人员在完成个人数字存档任务时所需要投入的时间、精力和专业性资源的程度会对科研人员个人数字存档行为产生十分显著的影响。这与已有的研究结论基本是一致的。Liang等认为,由于一个人的认知能力是有限的,个体可能不愿意花费资源对一个复杂的任务进行探索,任务复杂性会造成知识障碍,个人需要开发新的技能来克服这些障碍。因此这种任务复杂性会导致个人犹豫,所以他们认为任务复杂性会对系统探索产生负影响。[①] 个人数字存档行为是信息行为的一种,个人在进行数字存档的过程中,由于个人数字存档工具的复杂程度、个人数字存档对象的数量巨大、对数字材料的筛选分类困难等因素会给他们带来一定的挑战,从而进一步对其进行个人数字存档行为产生负面影响。

除了任务复杂性,科研人员感知风险同样对科研人员个人数字存档行为有十分显著的影响。这一结果表明,科研人员对于在进行个人数字存档时可能会面临风险的认知会显著影响他们进行个人数字存档行为。这与已有的研究结论是一致的。王建亚考察了计算机专业与非计算机两个专业背景不同的群体对个人云存储采纳的影响,研究发现,感知风险会对信任产生影响进而影响其个人云存储采纳意愿,且计算机专业背景的群体比非计算机背景群体更显著。[②] 宣婕研究发现,用户感知风险是导致他们不再使用云存储设备存储个人数字材料的最主要原因,并且验证了用户感知风险的主要维度包括感知功能、隐私、服务保障及连接风险,且感知功能、隐私、服务保障及连接风险均与用户抵制使用

① Liang H , Peng Z , Xue Y , et al. Employees' Exploration of Complex Systems: An Integrative View [J]. Journal of Management Information Systems, 2015, 32(1):322-357.

② 王建亚. 不同专业背景用户的个人云存储采纳行为对比研究[J]. 图书馆学研究,2017(8):44-50+58.

云存储意愿呈显著正相关影响。① 胡昌平等考察了感知风险对个人云存储服务持续使用意愿的影响,研究发现目前云存储的安全问题已经成为用户使用它最大的阻碍,云存储中具体的感知风险主要包括财务、心理、服务保障、隐私、功能、连接六个维度,而其中用户感知隐私风险、心理风险和连接风险对用户持续使用云存储行为呈显著负相关,且感知转换成本对用户感知隐私风险与持续使用意愿有负向调节作用。② 科研人员在进行个人数字存档时,也会对隐私风险、丢失风险以及损坏风险等产生担忧。尤其是由于身份的原因,科研人员会更加担忧知识产权的泄漏,对于实验数据或者论文创新点泄露的担忧也直接对他们在云端进行个人数字存档产生了负向的影响。出于对这些风险的担忧他们也许选择放弃容易造成这些风险的存档方式,即便这种存档方式更加容易或者便捷。

　　然而,心流体验这一因素却并未通过验证。这与此前的一些研究结论并不一致。李力从知识贡献和知识搜寻的视角考察了虚拟社区用户持续知识共享意愿的影响因素,研究发现,虚拟社区用户的心流体验对其知识贡献和知识搜寻的满意度有正向影响,从而进一步影响虚拟社区用户的持续知识贡献和知识搜寻意愿。③ 季丹等基于心流理论考察了公众社会化阅读行为的影响因素,研究发现用户的心流体验会产生内部动机,从而对公众社会化阅读意愿产生积极影响。④ 而在本研究中,心流体验对科研人员个人数字存档行为的作用并不显著,其原因可能是:虽然在前文的扎根理论访谈中,许多受访者都提到,好好地进行一个较为系统地存档需要较长的一段时间,在整个保存和整理的过程中尤其是对一些数码照片和个人日记的整理过程中,他们常常会感觉时间过得很快,并且沉浸其中。这样的一种情绪虽然会让他们感觉到潜在的控制感觉,但是个人数字存档行为毕竟不是享乐型的行为,其根本目的不在于获取控制感和

① 宣婕. 个人云存储用户感知风险及其对深度使用意愿影响研究[D]. 合肥:合肥工业大学,2017.

② 胡昌平,李霜双,冯亚飞. 感知风险对个人云存储服务持续使用意愿的影响——转换成本的调节作用分析[J]. 现代情报,2019,39(5):64-73.

③ 李力. 虚拟社区用户持续知识共享意愿影响因素实证研究——以知识贡献和知识搜寻为视角[J]. 信息资源管理学报,2016,6(4):91-100.

④ 季丹,郭政. 李武. Flow理论视角下的社会化阅读行为影响因素[J]. 图书馆论坛,2020,40(5):116-122.

愉悦感,所以心流体验这一变量可能并不足以激发科研人员的个人数字存档行为。

6.4.3 技术视角科研人员个人数字存档行为的影响因素讨论

从图 6-2 可以看出,基于技术视角通过验证的因素中,感知有用性对科研人员个人数字存档行为的影响最强。这一结果表明,科研人员感受到进行个人数字存档行为能够满足自己个人需求的程度对科研人员个人数字存档行为影响十分显著。这与已有的研究结论是一致的。Wu 考察了用户对知识管理工具 E-Learning 2.0 知识共享意愿的影响因素,结果证明 E-Learning 2.0 系统的知识共享意愿受到感知有用性的显著影响,且影响 E-Learning 2.0 系统感知有用性因素有通信质量和服务质量。[1] Zhang 认为由于智能设备的出现和快速进步,人们可以不受时间和地点的控制对自己的个人信息进行管理,他考察了大学生移动 PIM 的影响因素,研究结果表明,移动 PIM 感知有用性对大学生 PIM 使用移动设备意愿有显著正向影响。[2] 在之前的扎根理论访谈阶段,笔者发现大多数科研人员都表示,当在感到使用某些个人数字存档工具可以更高效帮助自己达到某些目的时,会很大程度上激发个人数字存档行为。

基于技术视角通过验证的因素中,对科研人员个人数字存档行为影响十分显著的因素还有感知易用性。这一结果表明,科研人员使用信息系统、平台和应用等进行个人数字存档感觉省时省力对促进科研人员个人数字存档行为影响十分显著。这与已有的研究结论基本一致。Huang 等考察了学校云服务使用影响因素,研究发现感知享受与感知有用性,即内在动机和外在动机均是由云服务的感知易用性所驱动,也就是说云服务感知易用性对感知有用性有直接影响,从而进一步对行为意愿产生影响。[3] Wang 考察了个人云存储行为的关键

---

① Wu B. Identifying the Influential Factors of Knowledge Sharing in E-Learning 2.0 Systems[J]. International Journal of Enterprise Information Systems, 2016, 12(1):85-102.

② Zhang Z. Effect of Mobile Personal Information Management on University Students' Perceived Learning Effectiveness[J]. 2016,3(2):45-52.

③ Huang Y M, Huang T C, Chen M Y, et al. What influences Students to Use Cloud Services? From the Aspect of Motivation: Student Acceptance of Cloud Services[C]// 2015 International Conference on Interactive Collaborative Learning (ICL). IEEE, 2015.

影响因素,研究发现,感知易用性对用户的个人云存储采用意愿有显著影响。[1] Abed 考察了消费者将社交网站作为商业工具继续使用的影响因素,对沙特阿拉伯 304 名 Facebook 用户的调查结果表明,感知易用性与感知有用性对消费者将社交网站作为商业工具继续使用有显著的正向影响,且感知易用性对感知有用性、信任和感知享受也有显著正向影响。[2] 在之前的扎根理论访谈中笔者也发现,许多受访者都表示,会更加倾向于使用简单易用的个人数字存档工具。更加省时省力,是科研人员选择个人数字存档工具的重要指标之一。多数受访者在能够满足同样需求的情况下都会选择更为简单易用的存档方式,以及不需要花费更多成本就可以使用的存档工具。

除了感知有用性和感知易用性之外,基于技术视角的另一个因素也通过了验证。这一结果表明,科研人员感知个人数字存档中的存档技术和工具的更新和改变会对科研人员个人数字存档行为产生显著影响。这与已有的研究结论基本一致。霍艳花和金璐考察了信息生态视角下,信息环境和信息技术对微信用户信息共享行为的影响,研究发现,信息环境和信息技术都对微信用户信息共享行为有正向影响。[3] 此外,在扎根理论分析中笔者也发现,当个人数字存档工具和平台的功能板块和功能类型发生改变的情况下,他们会更愿意使用这些存档工具保存自己的数字材料,进而促使他们产生个人数字存档行为。在之前的扎根理论访谈中笔者也发现,部分受访者提到信息技术更新换代迅猛,由于技术环境的改变而造成的用户界面、传输速度、存储空间等相关功能的更新,给存档带来了更多便利或者新的功能,会使得他们更愿意进行数字存档,或者开始尝试使用新的存储方式进行个人数字存档。

6.4.4 对象视角科研人员个人数字存档行为的影响因素讨论

从图 6-2 看出,基于对象视角的感知价值对科研人员个人数字存档对行为有十分显著的影响。这一结果表明,科研人员对个人数字存档对象本身价值的

① Wang J. Critical Factors for Personal Cloud Storage Adoption in China Critical Factors for Personal Cloud Storage Adoption in China[J]. Journal of Data and Information Science, 2016, 1(2):60-74.

② Abed S S. An Empirical Examination of Factors Affecting Continuance Intention Towards Social Networking Sites[J]. Computer Application,2018,26(6):1175-1178.

③ 霍艳花,金璐. 微信用户信息共享行为影响因素实证研究——基于信息生态视角分析[J]. 情报工程,2019,5(3):74-85.

感知是驱动科研人员进行个人数字存档十分核心的因素。感知价值在模型中是一个二阶变量，由感知参考价值、感知凭证价值和感知情感价值得到了较好的体现。（1）感知参考价值的显著性说明科研人员感知他们需要参考个人数字存档对象中的信息才能够完成一些工作或者任务是推动他们进行个人数字存档的动力之一。（2）感知凭证价值的显著性说明科研人员感知个人数字存档对象能够用作日后的证据是推动他们进行个人数字存档的动力之一。（3）感知情感价值的显著性说明科研人员感知个人数字存档对象对他们而言具有情感价值是推动他们进行个人数字存档的动力之一。根据之前扎根理论的分析也可以发现，几乎所有受访者都表示，在感知对个人数字存档对象对自己有价值有用的情况下，会导致他们产生个人数字存档行为。甚至一些受访者表示对个人数字存档价值的感知是促使他们进行个人数字存档行为最主要的影响因素，甚至在一些时候他们并不愿意做这件事，但出于对其价值的感知，仍会"硬着头皮完成"。科研人员在进行个人数字存档之前需要对个人数字材料进行鉴定甄别，他们进行个人数字存档行为的一个重要的原因就是他们认为这部分数字材料对他们来说有用并希望在未来能够及时找到和使用他们，决定选择保存哪些个人数字材料主要取决于对这部分个人数字所拥有价值的判断。图6-2也显示出，个人数字存档对象的价值感知是科研人员进行个人数字存档行为最重要的影响因素。

7 科研人员个人数字存档行为
影响因素感知差异

本研究中,科研人员个体特征主要表现在性别、年龄、正在攻读或已获得的最高学位、所在学科领域、职称和就职单位6个方面。在本章中笔者采用方差分析来对这6个样本特征进行检验,方差分析可以检验不同因素和因素的不同水平对结果的影响程度,通过方差分析对科研人员个人数字存档行为影响因素的感知差异性可以进行一个更深入的分析。采用独立样本t检验方法对只有两个变量的性别这一样本特征进行分析。对于其余5个样本特征均在三个或三个以上的变量会采用单因素分析法。为了体现不同样本特征对于科研人员个人数字存档行为影响因素变量之间的感知差异,提出以下6个零假设:

H7-1:男性科研人员与女性科研人员在个人数字存档行为中对个人数字存档意识、个人数字存档能力、个人数字存档知识、个人数字存档素养、先前经验、个人习惯、自我效能、主动性人格、感知情感价值、感知凭证价值、感知参考价值、感知价值、感知风险、心流体验、任务复杂性、感知易用性、技术环境的改变和感知有用性方面的感知不存在显著性差异。

H7-2:不同年龄的科研人员在个人数字存档行为中对个人数字存档意识、个人数字存档能力、个人数字存档知识、个人数字存档素养、先前经验、个人习惯、自我效能、主动性人格、感知情感价值、感知凭证价值、感知参考价值、感知价值、感知风险、心流体验、任务复杂性、感知易用性、技术环境的改变和感知有用性方面的感知不存在显著性差异。

H7-3:不同学历的科研人员在个人数字存档行为中对个人数字存档意识、

个人数字存档能力、个人数字存档知识、个人数字存档素养、先前经验、个人习惯、自我效能、主动性人格、感知情感价值、感知凭证价值、感知参考价值、感知价值、感知风险、心流体验、任务复杂性、感知易用性、技术环境的改变和感知有用性方面的感知不存在显著性差异。

H7-4：不同学科领域的科研人员在个人数字存档行为中对个人数字存档意识、个人数字存档能力、个人数字存档知识、个人数字存档素养、先前经验、个人习惯、自我效能、主动性人格、感知情感价值、感知凭证价值、感知参考价值、感知价值、感知风险、心流体验、任务复杂性、感知易用性、技术环境的改变和感知有用性方面的感知不存在显著性差异。

H7-5：不同职称的科研人员在个人数字存档意识、个人数字存档能力、个人数字存档知识、个人数字存档素养、先前经验、个人习惯、自我效能、主动性人格、感知情感价值、感知凭证价值、感知参考价值、感知价值、感知风险、心流体验、任务复杂性、感知易用性、技术环境的改变和感知有用性方面的感知不存在显著性差异。

H7-6：就职于不同单位的科研人员在个人数字存档意识、个人数字存档能力、个人数字存档知识、个人数字存档素养、先前经验、个人习惯、自我效能、主动性人格、感知情感价值、感知凭证价值、感知参考价值、感知价值、感知风险、心流体验、任务复杂性、感知易用性、技术环境的改变和感知有用性方面的感知不存在显著性差异。

7.1 基于性别分组的均值比较

本研究通过问卷调查方法向科研人员群体发放问卷，一共得到了 597 个有效调查样本。其中女性 315 人，男性 282 人。笔者将女性与男性两组样本使用独立样本 t 检验来分析性别对个人数字存档行为影响因素的感知差异。结果见表 7-1。

表 7-1　性别对科研人员个人数字存档行为影响因素的感知差异分析

潜在变量	性别	样本数	平均值	标准差	T 值	P 值
个人数字存档意识	男性	282	4.4551	1.61710	-0.334	0.739
	女性	315	4.4995	1.62895		
个人数字存档能力	男性	282	4.2565	1.61962	-2.125	0.034
	女性	315	4.5503	1.74362		
个人数字存档知识	男性	282	4.2163	1.66016	-0.302	0.763
	女性	315	4.2571	1.63792		
个人数字存档素养	男性	282	4.3093	1.35885	-1.130	0.259
	女性	315	4.4356	1.36865		
先前经验	男性	282	4.2660	1.68762	-1.558	0.120
	女性	315	4.4817	1.69037		
个人习惯	男性	282	4.4444	1.54524	-0.427	0.670
	女性	315	4.4995	1.59515		
自我效能	男性	282	4.2813	1.70050	0.653	0.514
	女性	315	4.1926	1.61675		
主动性人格	男性	282	4.5827	1.72497	1.661	0.097
	女性	315	4.3524	1.66231		
感知易用性	男性	282	4.1454	1.55984	-0.529	0.597
	女性	315	4.2138	1.58956		
感知有用性	男性	282	4.2828	1.60904	-0.913	0.362
	女性	315	4.4032	1.60914		
技术环境的改变	男性	282	4.4657	1.65028	3.784	0.000
	女性	315	3.9376	1.74791		
任务复杂性	男性	282	4.1537	1.68496	1.174	0.241
	女性	315	3.9915	1.68544		

续表

潜在变量	性别	样本数	平均值	标准差	T值	P值
感知风险	男性	282	4.3298	1.60133	3.033	0.003
	女性	315	3.9164	1.71513		
心流体验	男性	282	4.4610	1.67750	−0.514	0.608
	女性	315	4.5312	1.65730		
感知参考价值	男性	282	4.2530	1.60042	0.505	0.614
	女性	315	4.1873	1.57380		
感知凭证价值	男性	282	4.0709	1.56817	−0.477	0.634
	女性	315	4.1333	1.62295		
感知情感价值	男性	282	4.3522	1.70212	−0.666	0.506
	女性	315	4.4444	1.67640		
感知价值	男性	282	4.2254	1.35555	−0.267	0.790
	女性	315	4.2550	1.35459		
个人数字存档行为	男性	282	4.2943	1.49399	1.649	0.100
	女性	315	4.0889	1.54163		

在表7-1中,可以看出 t 检验的结果表明:性别除了对感知风险、技术环境的改变和个人数字存档能力具有显著的感知差异之外,对个人数字存档意识、个人数字存档知识、个人数字存档素养、先前经验、个人习惯、自我效能、主动性人格、感知易用性、感知有用性、任务复杂性、心流体验、感知参考价值、感知凭证价值、感知情感价值和感知价值都不存在显著的感知差异影响。因此,零假设 H7-1 部分成立。从表 7-1 中可以看出,科研人员个人数字存档能力在男性与女性之间有显著差异($T=-2.125$,$P<0.05$),结合均值可以看出女性个人数字存档能力均值高于男性;不同的性别科研人员对技术环境的改变感知有显著差异($T=3.784$,$P<0.001$),结合均值可以看出男性科研人员对技术环境的改变的感知大于女性科研人员,说明男性对信息技术的改变更为敏感与熟悉;不同的性别科研人员其感知风险存在显著差异($T=3.033$,$P<0.001$),对于感知风险的感知,女性科研人员要大于男性,说明科研人员中男性更能感觉到个人数字

存档行为中可能存在的风险。

7.2 基于年龄分组的均值比较

597 个有效调查样本中,年龄 20~34 岁之间的有 228 人,35~44 岁之间的有 188 人,45~54 岁之间的有 134 人,55 岁及以上的有 47 人。以年龄分组为自变量,对科研人员个人数字存档行为各潜在变量得分做单因素方差分析。结果见表 7-2。

表 7-2 年龄对科研人员个人数字存档行为影响因素的感知差异分析

潜在变量	年龄(岁)	样本数	平均值	标准差	F 值	P 值	LSD (P<0.05)
个人数字存档意识	20~34	228	4.8289	1.54346	7.187	0.000	1>2,3,4
	35~44	188	4.3493	1.61664			
	45~54	134	4.2861	1.63563			
	55 及以上	47	3.8440	1.66790			
个人数字存档能力	20~34	228	4.6126	1.68070	2.887	0.035	1>4
	35~44	188	4.3404	1.62678			
	45~54	134	4.3607	1.72167			
	55 及以上	47	3.8652	1.80399			
个人数字存档知识	20~34	228	4.6199	1.56964	9.184	0.000	1>2,3>4
	35~44	188	4.0035	1.66898			
	45~54	134	4.1866	1.61059			
	55 及以上	47	3.4681	1.61613			
个人数字存档知识	20~34	228	4.6871	1.30251	8.780	0.000	1>2,3>4
	35~44	188	4.2311	1.30824			
	45~54	134	4.2778	1.41117			
	55 及以上	47	3.7258	1.41589			

续表

潜在变量	年龄（岁）	样本数	平均值	标准差	F 值	P 值	LSD（P<0.05）
先前经验	20~34	228	4.7961	1.55695	11.997	0.000	1>2,3>4
	35~44	188	4.2939	1.71900			
	45~54	134	4.1530	1.73609			
	55 及以上	47	3.3511	1.49788			
个人习惯	20~34	228	4.4196	1.54421	1.922	0.125	
	35~44	188	4.3493	1.61149			
	45~54	134	4.5871	1.60210			
	55 及以上	47	4.9078	1.38261			
自我效能	20~34	228	4.1608	1.63493	1.676	0.171	
	35~44	188	4.3316	1.60751			
	45~54	134	4.3706	1.77548			
	55 及以上	47	3.8156	1.55698			
主动性人格	20~34	228	4.4225	1.76004	0.413	0.744	
	35~44	188	4.5709	1.59218			
	45~54	134	4.4154	1.70431			
	55 及以上	47	4.3404	1.77270			
感知易用性	20~34	228	4.6404	1.47828	15.898	0.000	1>2,3>4
	35~44	188	4.0833	1.55074			
	45~54	134	3.8980	1.56252			
	55 及以上	47	3.1560	1.45438			
感知有用性	20~34	228	4.1908	1.62148	1.292	0.276	
	35~44	188	4.4202	1.56273			
	45~54	134	4.5075	1.60911			
	55 及以上	47	4.3457	1.71197			

续表

潜在变量	年龄（岁）	样本数	平均值	标准差	F 值	P 值	LSD（P<0.05）
技术环境的改变	20～34	228	4.5190	1.66538	4.716	0.003	1>2,3,4
	35～44	188	4.0177	1.77483			
	45～54	134	3.9502	1.71216			
	55 及以上	47	3.9291	1.59094			
任务复杂性	20～34	228	3.6038	1.67164	15.885	0.000	4,3>2>1
	35～44	188	4.0301	1.68835			
	45～54	134	4.5846	1.52749			
	55 及以上	47	5.0000	1.39876			
感知风险	20～34	228	3.8567	1.63866	3.628	0.013	4,3>1
	35～44	188	4.1560	1.70470			
	45～54	134	4.3383	1.63145			
	55 及以上	47	4.5248	1.69789			
心流体验	20～34	228	4.4518	1.63003	2.479	0.060	
	35～44	188	4.4521	1.71102			
	45～54	134	4.7886	1.59549			
	55 及以上	47	4.0780	1.77096			
感知参考价值	20～34	228	4.1798	1.58317	0.149	0.930	
	35～44	188	4.2039	1.62033			
	45～54	134	4.2886	1.56015			
	55 及以上	47	4.2624	1.56954			
感知凭证价值	20～34	228	3.9254	1.58641	2.130	0.095	
	35～44	188	4.1720	1.59600			
	45～54	134	4.3433	1.59413			
	55 及以上	47	4.0142	1.59401			

续表

潜在变量	年龄(岁)	样本数	平均值	标准差	F 值	P 值	LSD (P<0.05)
感知情感价值	20~34	228	4.3494	1.66952	1.215	0.303	
	35~44	188	4.3280	1.75081			
	45~54	134	4.6418	1.58292			
	55 及以上	47	4.2553	1.79534			
感知价值	20~34	228	4.1516	1.33974	1.190	0.313	
	35~44	188	4.2346	1.40697			
	45~54	134	4.4245	1.30098			
	55 及以上	47	4.1773	1.34629			
个人数字存档行为	20~34	228	4.0932	1.57724	0.729	0.535	
	35~44	188	4.1782	1.51314			
	45~54	134	4.3340	1.45997			
	55 及以上	47	4.2447	1.46192			

根据上表7-2中方差分析(ANOVA)结果表明,不同年龄的科研人员个人数字存档意识、个人数字存档能力、个人数字存档知识、个人数字存档素养、任务复杂性、感知易用性、感知风险、技术环境的改变、先前经验、具有显著的感知差异,对其他潜在变量个人习惯、自我效能、主动性人格、感知易用性、感知有用性、心流体验、感知价值、感知参考价值、感知凭证价值和感知情感价值的感知并未显示存在显著性差异,因此,零假设 H7-2 部分成立。

从上表可以看出,不同的年龄群体其个人数字存档意识有显著差异(F = 7.187,P<0.001),为了进一步确定不同年龄之间具体的差异体现在哪里,笔者采用事后 LSD 两两检验进一步进行验证,得出年龄处于 20~34 岁区间的群体分值显著高于其他年龄段的分支;不同的年龄群体其个人数字存档能力有显著差异(F = 2.887,P<0.05),进一步采用事后 LSD 两两检验可以得出 20~34 岁的得分显著高于 55 岁及以上年龄;不同的年龄其个人数字存档知识有显著差异(F = 9.184,P<0.001),进一步采用事后 LSD 两两检验可以得出 20~34 岁的得

分显著高于年龄为 35~54 岁,年龄为 55 岁以上的是最低;不同的年龄其个人数字存档素养有显著差异(F=8.780,P<0.001),进一步采用事后 LSD 两两检验可以得出 20~34 岁的得分显著高于年龄为 35~54 岁,年龄为 55 岁以上的最低;不同的年龄其先前经验有显著差异(F=11.997,P<0.001),进一步采用事后 LSD 两两检验可以得出 20~34 岁的得分显著高于 35~54 岁,年龄为 55 岁以上的是最低;不同的年龄其感知易用性有显著差异(F=15.898,P<0.001),进一步采用事后 LSD 两两检验可以得出 20~34 岁的得分显著高于年龄为 35~54 岁,年龄为 55 岁以上的是最低;不同的年龄其技术环境的改变有显著差异(F=4.716,P<0.01),进一步采用事后 LSD 两两检验可以得出 20~34 岁的得分显著高于其他年龄;不同的年龄其任务复杂性感知有显著差异(F=15.885,P<0.01),进一步采用事后 LSD 两两检验可以得出 20~34 岁的得分显著最低,年龄为 45 岁以上的得分是最高;不同的年龄其感知风险有显著差异(F=3.628,P<0.05),进一步采用事后 LSD 两两检验可以得出 20~34 岁的得分显著低于年龄为 45 岁以上的得分。

7.3　基于学历分组的均值比较

在 597 个有效调查样本中,正在攻读或已获得的最高学位为本科的有 54 人,正在攻读或已获得的最高学位为硕士的有 225 人,正在攻读或已获得的最高学位为博士的有 318 人。以正在攻读或已获得的最高学位分组为自变量,对科研人员个人数字存档行为各潜在变量得分做单因素方差分析。结果见表 7-3。

表 7-3　学历对科研人员个人数字存档行为影响因素的感知差异分析

潜在变量	学历	样本数	平均值	标准差	F	P	LSD (P<0.05)
个人数字存档意识	本科	54	3.7963	1.55731	8.010	0.000	3>2>1
	硕士	225	4.3585	1.65258			
	博士	318	4.6792	1.57548			

续表

潜在变量	学历	样本数	平均值	标准差	F	P	LSD (P<0.05)
个人数字存档能力	本科	54	4.1790	1.72382	4.852	0.008	3>2
	硕士	225	4.1837	1.65467			
	博士	318	4.6122	1.69094			
个人数字存档知识	本科	54	3.9321	1.64244	2.265	0.105	
	硕士	225	4.1363	1.61503			
	博士	318	4.3616	1.66390			
个人数字存档素养	本科	54	3.9691	1.24562	6.492	0.002	3>2,1
	硕士	225	4.2262	1.36688			
	博士	318	4.5510	1.35840			
先前经验	本科	54	4.7917	1.72642	2.587	0.076	
	硕士	225	4.2289	1.70669			
	博士	318	4.4167	1.66547			
个人习惯	本科	54	4.3210	1.55805	1.757	0.173	
	硕士	225	4.3511	1.59136			
	博士	318	4.5860	1.55429			
自我效能	本科	54	4.0926	1.74161	1.257	0.285	
	硕士	225	4.3704	1.70757			
	博士	318	4.1625	1.60216			
主动性人格	本科	54	4.0247	1.74934	6.098	0.002	3>2,1
	硕士	225	4.2593	1.69015			
	博士	318	4.6782	1.66157			
感知易用性	本科	54	3.9691	1.47696	0.576	0.563	
	硕士	225	4.1807	1.64538			
	博士	318	4.2180	1.54111			

续表

潜在变量	学历	样本数	平均值	标准差	F	P	LSD (P<0.05)
感知有用性	本科	54	3.9352	1.69223	3.183	0.042	3>1
	硕士	225	4.2589	1.54271			
	博士	318	4.4780	1.62926			
技术环境的改变	本科	54	4.1975	1.71627	1.808	0.165	
	硕士	225	4.0193	1.74037			
	博士	318	4.3040	1.70436			
任务复杂性	本科	54	4.1481	1.80457	0.097	0.907	
	硕士	225	4.0815	1.73856			
	博士	318	4.0451	1.63119			
感知风险	本科	54	4.1358	1.66291	0.525	0.592	
	硕士	225	4.0222	1.69324			
	博士	318	4.1709	1.66419			
心流体验	本科	54	4.3642	1.70861	0.375	0.687	
	硕士	225	4.5630	1.66432			
	博士	318	4.4748	1.66295			
感知参考价值	本科	54	4.2037	1.46148	0.003	0.997	
	硕士	225	4.2207	1.57742			
	博士	318	4.2191	1.61569			
感知凭证价值	本科	54	3.9630	1.56437	0.356	0.701	
	硕士	225	4.0770	1.64901			
	博士	318	4.1468	1.56665			
感知情感价值	本科	54	4.3333	1.53915	0.294	0.745	
	硕士	225	4.4681	1.69649			
	博士	318	4.3648	1.70905			

续表

潜在变量	学历	样本数	平均值	标准差	F	P	LSD（P<0.05）
感知价值	本科	54	4.1667	1.28562	0.094	0.910	
	硕士	225	4.2553	1.37045			
	博士	318	4.2435	1.35729			
个人数字存档行为	本科	54	4.0556	1.46554	1.244	0.289	
	硕士	225	4.0878	1.55707			
	博士	318	4.2775	1.50401			

根据上表 7-3 中方差分析（ANOVA）结果表明，正在攻读或已获得的最高学位不同其个人数字存档意识、个人数字存档能力、个人数字存档素养、主动性人格、感知有用性存在显著差异性，其他潜在变量个人数字存档知识、先前经验、个人习惯、自我效能、感知易用性、技术环境的改变、任务复杂性、感知风险、心流体验、感知价值、感知参考价值、感知凭证价值及感知情感价值上不存在显著性差异。因此，零假设 H7-3 部分成立。

上表可以看出不同的学历其个人数字存档意识有显著的差异性（F=8.010，P<0.001），进一步进行事后 LSD 两两检验可以得出博士高于硕士，硕士高于本科；不同的学历其个人数字存档能力有显著的差异性（F=4.852，P<0.01），进一步进行事后 LSD 两两检验可以得出博士高于硕士；不同的学历其个人数字存档素养有显著的影响（F=6.492，P<0.01），进一步进行事后 LSD 两两检验可以得出博士高于硕士、本科；不同的学历其主动性人格有显著的差异性（F=6.098，P<0.01），进一步进行事后 LSD 两两检验可以得出博士高于硕士与本科；不同的学历其感知有用性有显著的差异性（F=3.183，P<0.05），进一步进行事后 LSD 两两检验可以得出博士高于本科。

7.4　基于学科分组的均值比较

597 个有效调查样本中，人文科学有 169 人，社会科学有 234 人，自然科学有 194 人。以所在学科领域分组为自变量，对科研人员个人数字存档行为各潜在变量得分做单因素方差分析。结果见表7-4。

表7-4　学科对科研人员个人数字存档行为影响因素的感知差异分析

潜在变量	学历	样本数	平均值	标准差	F	P	LSD（P<0.05）
个人数字存档意识	社会科学	234	4.7906	1.57814	7.713	0.000	1>2,3
	人文科学	169	4.3609	1.62342			
	自然科学	194	4.2045	1.61848			
个人数字存档能力	社会科学	234	4.7849	1.65641	9.851	0.000	1>2,3
	人文科学	169	4.2288	1.67387			
	自然科学	194	4.1203	1.67248			
个人数字存档知识	社会科学	234	4.5726	1.60165	9.273	0.000	1>2,3
	人文科学	169	4.1578	1.67303			
	自然科学	194	3.9038	1.60989			
个人数字存档素养	社会科学	234	4.7160	1.32867	13.202	0.000	1>2,3
	人文科学	169	4.2492	1.35994			
	自然科学	194	4.0762	1.32761			
先前经验	社会科学	234	4.4637	1.65872	2.277	0.103	
	人文科学	169	4.5059	1.74808			
	自然科学	194	4.1688	1.66810			
个人习惯	社会科学	234	4.4644	1.53668	1.525	0.218	
	人文科学	169	4.6331	1.61575			
	自然科学	194	4.3454	1.56729			
自我效能	社会科学	234	4.2279	1.64906	0.143	0.866	
	人文科学	169	4.1893	1.64217			
	自然科学	194	4.2818	1.68357			

续表

潜在变量	学历	样本数	平均值	标准差	F	P	LSD (P<0.05)
主动性人格	社会科学	234	4.4544	1.72945	0.106	0.899	
	人文科学	169	4.5089	1.66907			
	自然科学	194	4.4278	1.68221			
感知易用性	社会科学	234	4.1838	1.51796	0.004	0.996	
	人文科学	169	4.1874	1.61786			
	自然科学	194	4.1735	1.61142			
感知有用性	社会科学	234	3.9444	1.57914	14.608	0.000	3>2>1
	人文科学	169	4.4260	1.61596			
	自然科学	194	4.7616	1.52808			
技术环境的改变	社会科学	234	4.1239	1.69724	0.598	0.550	
	人文科学	169	4.1479	1.76940			
	自然科学	194	4.2973	1.71161			
任务复杂性	社会科学	234	3.6054	1.65289	16.012	0.000	3,2>1
	人文科学	169	4.2505	1.61744			
	自然科学	194	4.4674	1.65864			
感知风险	社会科学	234	4.0328	1.66377	0.646	0.524	
	人文科学	169	4.2249	1.62591			
	自然科学	194	4.1082	1.72898			
心流体验	社会科学	234	4.5527	1.59408	0.443	0.643	
	人文科学	169	4.3984	1.71180			
	自然科学	194	4.5189	1.71416			
感知参考价值	社会科学	234	4.2051	1.58759	0.424	0.655	
	人文科学	169	4.1460	1.63898			
	自然科学	194	4.2973	1.53949			

续表

潜在变量	学历	样本数	平均值	标准差	F	P	LSD (P<0.05)
感知凭证价值	社会科学	234	4.1838	1.62360	0.492	0.612	
	人文科学	169	4.0394	1.59190			
	自然科学	194	4.0636	1.57081			
感知情感价值	社会科学	234	4.5285	1.64649	1.107	0.331	
	人文科学	169	4.3077	1.67537			
	自然科学	194	4.3282	1.74595			
感知价值	社会科学	234	4.3058	1.34681	0.545	0.580	
	人文科学	169	4.1644	1.38518			
	自然科学	194	4.2297	1.33827			
个人数字存档行为	社会科学	234	4.1400	1.51828	0.175	0.839	
	人文科学	169	4.2160	1.52019			
	自然科学	194	4.2152	1.53302			

根据上表7-4中方差分析（ANOVA）结果表明，不同学科领域其个人数字存档素养、个人数字存档意识、个人数字存档知识、感知有用性、任务复杂性、其他潜在变量个人数字存档能力、先前经验、个人习惯、自我效能、主动性人格、感知易用性、技术环境的改变、感知风险、心流体验、感知价值、感知参考价值、感知凭证价值和感知情感价值不存在显著性差异。因此，零假设H7-4部分成立。

上表可以看出，对于不同的学科领域其个人数字存档素养（F=13.202，P<0.001），个人数字存档意识（F=7.713，P<0.001），个人数字存档知识（F=9.273，P<0.001）有显著差异，进一步采用事后LSD两两检验可以得出社会科学大于人文科学、自然科学；其次不同的学科领域其感知有用性（F=14.608，P<0.001）存在显著差异性，进一步采用事后LSD两两检验可以得出自然科学最高，其次是人文科学，最低的是社会科学；不同的学科领域其任务复杂性感知存在显著差异性（F=16.012，P<0.001），进一步采用事后LSD两两检验可以得出社会科学最低。这一描述与实际情况是相符合的。

7.5 基于职称分组的均值比较

597 个有效调查样本中,硕博在读研究生有 141 个,其余人已获得助教职称有 65 人,已获得讲师职称有 152 人,已获得副教授职称有 158 人,已获得教授职称有 63 人。以职称分组为自变量,对科研人员个人数字存档行为各潜在变量得分做单因素方差分析。结果见表 7-5。

表 7-5 职称对科研人员个人数字存档行为影响因素的感知差异分析

潜在变量	职称	样本数	平均值	标准差	F	P	LSD (P<0.05)
个人数字存档意识	硕博研究生	141	4.3333	1.54817	1.128	0.342	
	助教	65	4.7333	1.55031			
	讲师	152	4.5044	1.71904			
	副教授	158	4.4030	1.62171			
	教授	63	4.7196	1.59323			
个人数字存档能力	硕博研究生	141	4.2884	1.67390	0.381	0.823	
	助教	65	4.3077	1.64074			
	讲师	152	4.4846	1.65129			
	副教授	158	4.4705	1.73026			
	教授	63	4.4603	1.76427			
个人数字存档知识	硕博研究生	141	4.0567	1.64025	1.749	0.138	
	助教	65	4.6000	1.53116			
	讲师	152	4.3553	1.64765			
	副教授	158	4.0992	1.62322			
	教授	63	4.3280	1.75823			

续表

潜在变量	职称	样本数	平均值	标准差	F	P	LSD（P<0.05）
个人数字存档素养	硕博研究生	141	4.2262	1.35800	0.972	0.422	
	助教	65	4.5470	1.29938			
	讲师	152	4.4481	1.36025			
	副教授	158	4.3242	1.39782			
	教授	63	4.5026	1.41616			
先前经验	硕博研究生	141	4.4238	1.69478	1.022	0.395	
	助教	65	4.2692	1.80619			
	讲师	152	4.4161	1.61300			
	副教授	158	4.1930	1.73914			
	教授	63	4.6627	1.65232			
个人习惯	硕博研究生	141	4.3830	1.53475	0.261	0.903	
	助教	65	4.5692	1.46335			
	讲师	152	4.4035	1.66098			
	副教授	158	4.4705	1.59756			
	教授	63	4.5503	1.49090			
自我效能	硕博研究生	141	4.3333	1.67853	0.353	0.842	
	助教	65	4.2615	1.59153			
	讲师	152	4.1228	1.73934			
	副教授	158	4.1709	1.59960			
	教授	63	4.2698	1.64704			

续表

潜在变量	职称	样本数	平均值	标准差	F	P	LSD （P<0.05）
主动性人格	硕博研究生	141	4.5697	1.72817	0.675	0.610	
	助教	65	4.2667	1.65013			
	讲师	152	4.5373	1.70661			
	副教授	158	4.3291	1.70133			
	教授	63	4.4974	1.67404			
感知易用性	硕博研究生	141	4.8109	1.41101	10.109	0.000	1>3， 2，4>5
	助教	65	4.0615	1.60175			
	讲师	152	4.3246	1.64643			
	副教授	158	3.9241	1.49588			
	教授	63	3.5661	1.39589			
感知有用性	硕博研究生	141	4.4823	1.56286	0.761	0.551	
	助教	65	4.1615	1.49963			
	讲师	152	4.2977	1.68130			
	副教授	158	4.3560	1.61681			
	教授	63	4.1310	1.59817			
技术环境 的改变	硕博研究生	141	4.0898	1.75249	0.625	0.645	
	助教	65	4.1744	1.62030			
	讲师	152	4.3114	1.71419			
	副教授	158	4.0992	1.74021			
	教授	63	4.3862	1.71459			

续表

潜在变量	职称	样本数	平均值	标准差	F	P	LSD (P<0.05)
任务复杂性	硕博研究生	141	3.5485	1.65046	11.159	0.000	5>4, 3,2>1
	助教	65	3.8103	1.59532			
	讲师	152	3.8904	1.73514			
	副教授	158	4.2426	1.62589			
	教授	63	5.1005	1.30293			
感知风险	硕博研究生	141	4.1631	1.61816	0.463	0.763	
	助教	65	3.9538	1.71176			
	讲师	152	4.1842	1.75329			
	副教授	158	3.9831	1.68663			
	教授	63	4.1270	1.52920			
心流体验	硕博研究生	141	4.5839	1.54260	0.360	0.837	
	助教	65	4.3795	1.64979			
	讲师	152	4.5395	1.73224			
	副教授	158	4.4051	1.67845			
	教授	63	4.4021	1.72288			
感知参考 价值	硕博研究生	141	4.3239	1.57860	1.177	0.320	
	助教	65	4.3179	1.63451			
	讲师	152	4.2982	1.62312			
	副教授	158	4.0316	1.60581			
	教授	63	3.9841	1.47187			

续表

潜在变量	职称	样本数	平均值	标准差	F	P	LSD（P<0.05）
感知凭证价值	硕博研究生	141	4.1537	1.58290	0.510	0.728	
	助教	65	4.2154	1.52915			
	讲师	152	4.1579	1.66377			
	副教授	158	3.9831	1.65229			
	教授	63	3.9524	1.50013			
感知情感价值	硕博研究生	141	4.4184	1.65299	3.930	0.004	
	助教	65	4.7487	1.63727			
	讲师	152	4.6974	1.65286			
	副教授	158	4.0485	1.73626			
	教授	63	4.1905	1.57911			
感知价值	硕博研究生	141	4.2987	1.37097	2.171	0.071	
	助教	65	4.4274	1.34403			
	讲师	152	4.3845	1.34802			
	副教授	158	4.0211	1.40731			
	教授	63	4.0423	1.19943			
个人数字存档行为	硕博研究生	141	4.1543	1.51647	0.644	0.631	
	助教	65	4.2000	1.54250			
	讲师	152	4.2664	1.56606			
	副教授	158	4.0127	1.52391			
	教授	63	4.2698	1.45240			

根据上表 7-5 中方差分析（ANOVA）结果表明,不同学科领域其感知易用性与任务复杂性感知存在显著差异性,其他潜在变量个人数字存档意识、个人数字存档能力、个人数字存档知识、个人数字存档素养、先前经验、个人习惯、自我效能、主动性人格、感知有用性、技术环境的改变、感知风险、心流体验、感知

价值、感知参考价值、感知凭证价值、感知情感价值上不存在显著性差异。因此,零假设 H7-5 部分成立。

对于感知易用性不同的职称之间存在显著差异性($F = 10.109, P < 0.001$),笔者进一步采用 LSD 两两检验,可以得出硕博研究生得分最高,其次是助教、讲师,得分最低的是教授,说明硕博群体感知易用性最为强烈;对于任务复杂性,不同的职称同样存在显著差异性($F = 11.159, P < 0.001$),进一步采用事后 LSD 两两检验可以发现硕博研究生得分最低,其次是副教授、助教、讲师,而得分最高的是教授,说明教授对于任务复杂性感知最为强烈。

7.6 基于单位分组的均值比较

597 个有效调查样本中,在校学生一共有 141 个,就职于高等院校的有 282 人,就职于研究院所的有 83 人,就职于企事业单位的有 74 人。以就职工作单位为自变量,对科研人员个人数字存档行为各潜在变量得分做单因素方差分析。结果见表 7-6。

表 7-6 单位对科研人员个人数字存档行为影响因素的感知差异分析

潜在变量	工作单位	样本数	平均值	标准差	F	P	LSD (P<0.05)
个人数字存档意识	在校学生	141	4.3522	1.59999	0.691	0.558	
	高等院校	282	4.4917	1.62721			
	研究院所	83	4.4739	1.60801			
	企事业单位	74	4.6847	1.64866			
个人数字存档能力	在校学生	141	4.2719	1.67076	1.060	0.366	
	高等院校	282	4.4421	1.67459			
	研究院所	83	4.3092	1.62616			
	企事业单位	74	4.6757	1.82489			

续表

潜在变量	工作单位	样本数	平均值	标准差	F	P	LSD (P<0.05)
个人数字 存档知识	在校学生	141	4.0827	1.68474	1.181	0.316	
	高等院校	282	4.3191	1.62005			
	研究院所	83	4.3936	1.61727			
	企事业单位	74	4.0586	1.73280			
个人数字 存档素养	在校学生	141	4.2356	1.30914	0.713	0.545	
	高等院校	282	4.4177	1.34850			
	研究院所	83	4.3922	1.36716			
	企事业单位	74	4.4730	1.52215			
先前经验	在校学生	141	4.1950	1.73825	0.970	0.407	
	高等院校	282	4.4610	1.67613			
	研究院所	83	4.2651	1.69214			
	企事业单位	74	4.4764	1.72172			
个人习惯	在校学生	141	4.2979	1.56383	1.027	0.380	
	高等院校	282	4.4669	1.58154			
	研究院所	83	4.6064	1.58682			
	企事业单位	74	4.6306	1.54247			
自我效能	在校学生	141	4.1064	1.60669	0.470	0.703	
	高等院校	282	4.2388	1.69400			
	研究院所	83	4.3494	1.75374			
	企事业单位	74	4.3153	1.53289			
主动性人格	在校学生	141	4.3499	1.72485	1.177	0.318	
	高等院校	282	4.5757	1.67813			
	研究院所	83	4.3976	1.73397			
	企事业单位	74	4.2162	1.65008			

续表

潜在变量	工作单位	样本数	平均值	标准差	F	P	LSD （P<0.05）
感知易用性	在校学生	141	4.0946	1.55396	0.754	0.520	
	高等院校	282	4.2139	1.59041			
	研究院所	83	4.0562	1.60860			
	企事业单位	74	4.3829	1.57577			
感知有用性	在校学生	141	4.3245	1.56289	0.780	0.505	
	高等院校	282	4.3910	1.59189			
	研究院所	83	4.4608	1.59672			
	企事业单位	74	4.1047	1.74339			
技术环境 的改变	在校学生	141	4.0331	1.73814	0.431	0.731	
	高等院校	282	4.2281	1.75179			
	研究院所	83	4.2008	1.64452			
	企事业单位	74	4.1216	1.63446			
任务复杂性	在校学生	141	3.7352	1.69618	2.991	0.030	4,2>3
	高等院校	282	4.0709	1.68134			
	研究院所	83	4.2932	1.56468			
	企事业单位	74	4.3423	1.76208			
感知风险	在校学生	141	3.9267	1.68471	1.781	0.150	
	高等院校	282	4.1844	1.64237			
	研究院所	83	3.8835	1.65560			
	企事业单位	74	4.3559	1.79067			
心流体验	在校学生	141	4.5201	1.71888	0.784	0.503	
	高等院校	282	4.4102	1.65034			
	研究院所	83	4.4699	1.67885			
	企事业单位	74	4.7387	1.61356			

续表

潜在变量	工作单位	样本数	平均值	标准差	F	P	LSD（P<0.05）
感知参考价值	在校学生	141	4.1584	1.53198	3.208	0.023	2,4>3
	高等院校	282	4.3605	1.57972			
	研究院所	83	3.7791	1.66445			
	企事业单位	74	4.3739	1.54974			
感知凭证价值	在校学生	141	4.0686	1.59539	0.059	0.981	
	高等院校	282	4.1217	1.55248			
	研究院所	83	4.0803	1.72781			
	企事业单位	74	4.1486	1.66634			
感知情感价值	在校学生	141	4.4586	1.72587	0.697	0.554	
	高等院校	282	4.3487	1.70969			
	研究院所	83	4.2892	1.70108			
	企事业单位	74	4.6261	1.59045			
感知价值	在校学生	141	4.2285	1.37461	0.884	0.449	
	高等院校	282	4.2770	1.36280			
	研究院所	83	4.0495	1.35253			
	企事业单位	74	4.3829	1.32534			
个人数字存档行为	在校学生	141	4.0124	1.59417	1.524	0.207	
	高等院校	282	4.2128	1.48852			
	研究院所	83	4.0783	1.56998			
	企事业单位	74	4.4527	1.46516			

根据上表7-6中方差分析（ANOVA）结果表明，就职于不同工作单位其任务复杂性和感知参考价值有显著差异，此外其他潜变量个人数字存档素养、个人数字存档意识、个人数字存档知识、感知有用性、任务复杂性、其他潜在变量个人数字存档意识、个人数字存档能力、个人数字存档知识、个人数字存档素

养、先前经验、个人习惯、自我效能、主动性人格、感知易用性、感知有用性、技术环境的改变、感知风险、心流体验、感知价值、感知凭证价值、感知情感价值上不存在显著性差异。因此,零假设 H7-6 部分成立。

对于任务复杂性而言,不同的工作单位对其存在显著性感知差异($F = 2.991, P < 0.05$),通过进一步采用 LSD 两两检验可以得出研究院所、企事业单位分值要高于硕博在读研究生,这说明硕博群体对任务复杂性感知较小,而在研究院所与企事业单位工作则对任务复杂性的感知较为强烈;感知参考价值在不同工作单位之间也存在显著差异性($F = 3.208, P < 0.05$),进一步采用事后 LSD 两两检验可以得出研究院所得分低于企事业单位与高等院校。这说明就职于企事业单位与高等院校的科研人员对个人数字存档对象的参考价值的感知程度要比研究院所更高。

8 研究总结与展望

随着信息技术的发展,科研人员在个人数字存档行为中面临着诸多的问题与挑战。在这种情境下,如何识别影响科研人员个人数字存档行为的因素,更为清晰具体地了解其行为规律具有重要现实意义。因此,本研究以科研人员个体为中心,从个体行为的角度探讨科研人员个人数字存档行为如何进行优化的问题。具体地,本研究以个体、任务、技术和对象四个视角为切入点,把握科研人员进行个人数字存档行为的前置动因和影响规律,构建了科研人员个人数字存档行为影响因素模型。本章将总结主要研究结论和研究价值及启示,并指出研究不足并对未来研究进行展望。

8.1 主要研究结论

本研究通过对科研人员个人数字存档行为及其影响因素进行探究,得到了一些有价值的研究结论,总结为以下几个方面。

(1)厘清了个人数字存档行为中相关概念之间的关联

本研究梳理了从传统社会到现代,即信息与通信技术日渐发达与普及的历程中,人们进行个人存档行为的差异与变化,指出了个人存档已由过去少数人的活动转变为现在所有普通个人的行为,并对大众将成为自己的档案工作者这一未来个人存档趋势进行了探讨。此外,本研究对个人存档行为中的核心概念,如个人数字存档、个人数字存档对象进行了界定。对个人档案及其相关概念,包括私人档案、名人档案等进行了辨析,厘清了它们之间的关联,为更好地开展相关领域研究奠定基础。

(2)构建了科研人员个人数字存档行为扎根理论模型

本研究基于扎根理论方法,采用"一对一"的方式对科研人员进行半结构化深度访谈,并通过扎根理论三级编码过程对原始访谈文本进行深入分析和归类,抽取了 128 个概念、28 个范畴及 8 个主范畴。随后,进一步明朗化和系统化资料编码的内容,在结合相关文献的基础上最终提炼出由个体视角、任务视角、技术视角和对象视角四个视角构成的科研人员个人数字存档行为影响因素的理论构架,即科研人员个人数字存档行为影响因素扎根理论模型。该模型中基于个体视角的影响因素主要包括个人数字存档意识、个人数字存档能力、个人数字存档知识、个人性格、个人习惯、先前经验与自我效能;基于任务视角的影响因素主要有任务复杂性、感知风险与心流体验;基于技术视角的影响因素主要有感知易用性、感知有用性与技术环境的改变;基于对象视角影响科研人员个人数字存档行为的因素有感知情感价值、感知凭证价值与感知参考价值。

(3)揭示了科研人员个人数字存档行为的关键影响因子

在扎根理论分析的基础上,本研究结合档案双元价值理论与相关文献,对科研人员个人数字存档行为的影响因素进行了探讨和假设,构建了科研人员个人数字存档行为的影响因素研究模型。从个体、任务、技术与对象视角考察科研人员个人数字存档的影响规律。个体视角中,存在个人数字存档素养、自我效能、个人习惯、先前经验和主动性人格五个变量;其中个人数字存档意识、个人数字存档能力和个人数字存档知识构成了个人数字存档素养的三个维度,是个人数字存档素养的二阶模型。任务视角中,存在任务复杂性、感知风险与心流体验三个变量。技术视角中,存在感知易用性、感知有用性与技术环境的改变三个变量。对象视角提出了感知价值这一二阶变量,它由感知情感价值、感知凭证价值和感知参考价值三个一阶变量所组成。

(4)确定了科研人员个人数字存档行为及个体感知差异性的存在

个体差异决定了人们会以不同的方式来思考和行为,本研究中科研人员个体特征主要表现在性别、年龄、正在攻读或已获得的最高学位、所在学科领域、职称和就职单位 6 个方面。本研究对这 6 个样本特征使用方差分析进行检验,结果表明,科研人员个体差异(性别、年龄、正在攻读或已获得的最高学位、所在学科领域、职称和就职单位)不同程度地影响他们个人数字存档行为中对个人数字存档意识、个人数字存档能力、个人数字存档知识、个人数字存档素养、先前经验、个人习惯、自我效能、主动性人格、感知价值、感知凭证价值、感知参考价值、感知情感价值、感知易用性、技术环境的改变、感知有用性、感知风险、心流体验、任务复杂性的感知。

8.2 研究价值与启示

8.2.1 理论价值

本研究通过扎根理论与结构方程建模方法,将探索性研究与验证性研究相结合来系统性地探讨了科研人员个人数字存档行为的影响因素与行为规律,揭示了影响科研人员个人数字存档行为的关键性影响因子及其作用机制。在对科研人员个人数字存档行为影响因素模型的构建中,笔者基于档案双元价值理论构建了感知价值的二阶模型,由感知参考价值、感知凭证价值与感知情感体现。基于档案双元价值理论,个人档案的出现,是人类对于自己生活更高精神层次需求的体现,是个人在社会实践活动中主体地位凸显的印证。它既体现出了档案所具有的工具价值因为它是对个体生活实践的记录,又体现出了其信息价值因为不同个体之间具有完全不同的个性,这促进更多元的社会文化之间的融合。此外,目前国内关于档案价值的论述与研究主要从档案工作实践与理论性研究为主,本研究基于扎根理论研究对档案价值的维度进行了探讨,对档案价值维度的提出是基于客观访谈文本,论证了个人档案的出现也正是现在档案被公众作为信息记录载体出现的体现,个人档案是个体有意识地记录和保存自己社会实践活动的各种信息记录集合,对于其中一些材料的保存也许并不仅仅是为了它的参考凭证价值,也可能出于自我感受的情感价值,也体现出个人档案对于社会文化的记录与传播和社会各民族文化的传承所具有的积极作用。本书的研究论述和结论丰富了档案双元价值理论的内涵,具有一定的理论价值。

8.2.2 实践启示

本书研究结论对科研人员群体与个人数字存档工具开发商和服务商都有一定的实践指导启示。

根据前文的研究,面对信息技术的高速发展以及个人数字材料井喷式的增长,科研人员在进行个人数字存档过程中面临着诸多的挑战。一方面,由于互联网的普及和各种记录生活的设备的出现与升级,各种个人数字材料(包括数码照片、电子文档、视频、音频、个人日记、电子邮件、个人学术资料等)以几何倍增长的速度堆积在各种设备中,随着科研人员工作和生活的变化,这些个人数字材料会不断增长和更新,因此需要及时对这些生成的数字材料进行甄别判断选择,剔除掉重复与无用的信息,再对其中有价值的信息有选择性地保存,为后期的管理节省时间与精力。然而在对数字材料进行甄别判断然后存档的整个过程中,容易带来认知上的困难,往往会造成一些错误,科研人员在对数字材料价值进行甄别时,有可能会出现对价值评估判断错误的情况。另一方面,由于信息技术的更新换代速度过快,许多个人数字存档技术与工具也随着信息技术的改变而发生了界面与功能上的转变,对于一部分尤其是年龄较大的科研人员而言,个人数字存档工具的使用操作起来对他们造成了一定的困难。此外,存储后的数字材料的安全性是否能得到保障也成为诸多科研人员担心与关注的焦点,在访谈中笔者也发现部分科研人员表示出于对安全性的担忧会选择不将自己的数字材料存储在某些个人数字存档工具中。

基于本书的研究结论笔者发现科研人员个人数字存档素养对科研人员个人数字存档行为有显著影响,并发现个人数字存档素养由个人数字存档知识、个人数字存档意识和个人数字存档能力三方面所表示。这个研究结论对于提升个人数字存档素养,帮助科研人员更好地进行个人数字存档行为具有一定实践指导意义。科研人员可以通过学习相关专业的课程和参加个人数字存档相关的讲座来增加自己个人数字存档知识并通过实践提升自己的个人数字存档能力,从而更好地对自己的数字材料进行甄别判断选择,再对其中有价值的信息有选择性地存储和管理。可以说,本研究为科研人员群体提升个人数字存档素养、提升科研工作效率以及有针对性地解决自己在个人数字存档过程中遇到的一些问题有一定的实践指导启示。

研究结论还显示,科研人员感知有用性、感知易用性和技术环境的改变对科研人员个人数字存档行为有显著影响。这从技术角度为个人数字存档工具的开发商与服务商提供了设计思路,对他们具有重要的实践指导意义。个人数字存档工具开发商或者服务商在设计产品或者推出服务时,应该对个人数字存档工具的易用性与有用性进行重点关注,尽量将功能界面设计得简洁易懂,对于一些重要的功能键可以放在一眼可见的位置。或者开发商可以专门设计出适应科研人员个体需求的个人数字存档工具,最大限度提高科研人员工作效率。除此之外,研究结论中揭示的感知风险也对科研人员个人数字存档行为产生显著影响。因此,在个人数字存档工具的设计中,要对其安全性进行着重的关注。科研人员相比较其他从业工作者需要将学术信息资源存储在云端,他们会更加担心实验数据或者创新成果的保密性。一些特殊专业的科研人员常常在云存储中遭遇学术资源误判的问题,未来云存储平台应更多考虑学术资源的特点和不同科研群体存在的存储需求,有针对性地解决现存的问题。可以说本研究为个人数字存档工具开发商和服务商提供了一定的实践指导启示。研究科研人员个人数字存档行为的影响规律对帮助科研人员提高其科研工作效率具有重要的实践意义。

8.3　研究不足与展望

本研究所取得的研究结论具有一定的理论价值与实践启示。但是在研究过程中,囿于本人学术能力,再加上时间、精力及科研条件等客观原因,研究仍然存在一定的不足与局限,这些不足与局限为笔者后续的研究提供了方向。

(1)由于目前对科研人员个人数字存档行为的研究较少,因此本研究选择采用质的研究扎根理论方法对科研人员个人数字存档行为影响因素进行探索性研究,以期在较短的时间内形成对科研人员个人数字存档行为较为深入的认识。扎根理论的整个编码过程中要求研究人员必须保持高度的客观,避免自身主观因素对研究结果产生干扰。尽管笔者在扎根编码过程中,尽可能克服研究预设的困难,但是在整个实际操作的过程中还是不可避免会受到自己的经历和阅读过的现有文献的影响,不可避免部分编码结果存在一定的主观性。此外,由于笔者自身科研能力与学术视野的局限性,在理论构建方面可能会存在概括不全面的问题。在未来研究中,笔者会考虑进一步增加多位编码人员,以期能够客观、准确且全面地概括出概念、范畴以及构建更为完善的理论框架。

(2)本研究问卷调查的数量虽然达到了统计学上信效度所要求的范围,但是对于整个科研人员群体而言还是较小的样本量,未来可以在更大范围内收集样本数据。本研究虽然对学科进行了划分,但是划分标准不够精细化。在未来的研究中,可以对不同专业,例如信息资源管理专业、情报学、临床医学等具体专业进行数据收集,以进一步论证本文所得影响因素具有的普适性。

(3)本研究基于个体、任务、技术与对象的视角验证了个人数字存档素养、先前经验、个人习惯、主动性人格、感知易用性、感知有用性、技术环境的改变、任务复杂性、感知风险与感知价值对科研人员个人数字存档行为的影响。而对除了这些视角之外的其他视角的影响因素与科研人员个人数字存档行为之间的关系并未考虑在内。在未来的研究中可以进一步探索其他视角影响因素与科研人员个人数字存档行为之间的关系。引入其他变量例如文化因素,也可以探索它是否在本研究影响因素与行为之间产生调节效应。寻找更多的研究视角也是未来研究的一个突破点。

参考文献

一、英文参考文献

[1] Abed S S. An Empirical Examination of Factors Affecting Continuance Intention towards Social Networking Sites[J]. Computer Application, 2018, 26(6).

[2] Ahn J. The Effect of Social Network Sites on Adolescents' Social and Academic Development: Current Theories and Controversies[J]. Journal of the American Society for Information Science and Technology, 2011, 62(8).

[3] Alsuqri M N. Information-seeking Behavior of Social Science Scholars in Developing Countries: A Proposed Model[J]. International Information & Library Review, 2011, 43(1).

[4] Altawallbeh M, Soon F, Thiam W, et al. Mediating Role of Attitude, Subjective Norm and Perceived Behavioral Control in the Relationships between Their Respective Salient Beliefs and Behavioral Intention to Adopt E-Learning among Instructors in Jordanian Universities. [J]. Journal of Education & Practice, 2015, 6.

[5] Aulia S A, Sukati I, Sulaiman Z. A review: Customer Perceived Value and its Dimension[J]. Asian Journal of Social Sciences and Management Studies. 2016, 3(2).

[6] Bandura A. Self-efficacy: Toward a Unifying Theory of Behavioral Change. [J]. Advances in Behavior Research & Therapy, 1977, 84(4).

[7] Bateman T S, Crant J M. The Proactive Component of Organizational Behavior: a Measure and Correlates[J]. Journal of Organizational Behavior, 1993, 14

(2).

[8]Bauer R A. Consumer Behavior as Risk Taking[J]. Dynamic Marketing for a Changing World,1960, 398.

[9]Berman F. Got data: a Guide to Data Preservation in the Information Age [J]. Communications of the ACM, 2008, 51 (12).

[10]Boardman R, Sasse M A. "Stuff goes into the computer and doesn't come out": A Cross-Tool Study of Personal Information Management[C]// Conference on Human Factors in Computing Systems. DBLP, 2004.

[11]Boyd D M, Ellison N B. Social network sites: definition, history, and scholarship[J]. Journal of computer-mediated communication,2008,13(1).

[12]Brown K E K. Book Review: Personal Archiving: Preserving Our Digital Heritage[J]. Library Resources&Technical Services, 2015, 59 (2).

[13]Campbell D J. The Interactive Effects of Task Complexity and Participation on Task Performance: A Field Experiment[J]. Organizational Behavior & Human Decision Processes, 1986, 38(2).

[14]Chan D. Interactive Effects of Situational Judgment Effectiveness and Proactive Personality on Work Perceptions and Work Outcomes. [J]. Journal of Applied Psychology, 2006,91(2).

[15]Clark R. E. Yin and Yang Cognitive Motivational Process Operating in Multimedia Environments [D]. Paper presented at the Open University of the Netherlands, Heerlen, Netherlands,1999.

[16]Goklar A N, Yaman N D, Yurdakul K. Information Literacy and Digital Nativity as Determinants of Online Information Search Strategies[J]. Computers in Human Behavior, 70.

[17]Cook T. Archival Science and Postmodernism: New Formulations for Old Concepts[J]. Archival Science, 2001, 1(1).

[18] Copeland A J. Analysis of Public Library Users' Digital Preservation Practices[J]. Journal of the American Society for Information Science & Technology, 2011, 62(7).

[19]Cox R J. Digital Curation and the Citizen Archivist[J]. Digital Curation: Practice, Promises Prospects,2009.

[20]Cox R J. Personal Archives and a New Archival Calling: Readings, Reflections and Ruminations[M]. Duluth, MN: Litwin Books,2008.

[21]Cunningham S M. The major dimensions of perceived risk[J]. Risk taking and information handling in consumer behavior, 1967.

[22]Cushing A L. Highlighting the archives perspective in the personal digital archiving discussion[J]. Library Hi Tech,2010,28(2).

[23]Cyr D. Modeling Web Site Design across Cultures: Relationships to trust, satisfaction, and e-loyalty [J]. Journal of Management Information Systems, 2008, 24(4).

[24]Czerwinski M, Gage D W, Gemmell J, et al. Digital Memories in an era of Ubiquitous Computing and Abundant Storage[J]. Communications of the ACM, 2006, 49 (1).

[25]Davis F D. Perceived usefulness, perceived ease of use, and user acceptance of Information Technology[J]. MIS Quarterly,1989,13(3).

[26]Derrida J, Prenowitz E. Archive Fever: A Freudian Impression[J]. Diacritics, 1995, 25(2).

[27]Elsayed A M. The Use of Academic Social Networks among Researchers: a Survey[J]. Social Science Computer Review,2015(6).

[28]Elsweiler D. Keeping Found Things Found: The Study and Practice of Personal Information Management[J]. Journal of the American Society for Information Science & Technology, 2009, 60(8).

[29]Esteban-Millat I, Francisco J, Martínez-López, Huertas-García R, et al. Modelling Students' Flow Experiences in An Online Learning Environment[J]. Computers & Education, 2014, 71.

[30]Evans J, McKemmish S, Elizabeth D, et al. Self-determination and Archival Autonomy: Advocating Activism[J]. Archival Science, 2015(4).

[31]Fassinger R E. Paradigms, Praxis, Problems, and Promise: Grounded

Theory in Counseling Psychology Research [J]. Journal of Counseling Psychology, 2005, 52(2).

[32]Fife-Schaw C, Sheeran P, Norman P. Simulating Behavior Change Interventions based on the Theory of Planned Behavior: Impacts on Intention and Action [J]. British Journal of Social Psychology, 2007, 46(1).

[33]Fletcher D, Sarkar M. A Grounded Theory of Psychological Resilience in Olympic Champions [J]. Psychology of Sport and Exercise, 2012, 13(5).

[34]Foote K E. To Remember and Forget: Archives, Memory, and Culture [J]. The American Archivist, 1990, 53(3).

[35]Fornell C A, Larcker D F. Evaluating Structural Equation Models with Unobservable Variables and Measurement Error[J]. Journal of Marketing Research, 1981(1).

[36]Frederick P M, Stephen E. H. The Work Design Questionnaire (WDQ): Developing and Validating a Comprehensive Measure for Assessing Job Design and the Nature of Work. [J]. Journal of applied psychology, 2006.

[37]Gemmell J, Bell G, Lueder R. MyLifeBits: A Personal Database for Everything[J]. Communications of the ACM,2006,49(1).

[38]Gimino A E. Factors that Influence Students' Investment of Mental Effort in Academic Tasks, a Validation and Exploratory Study[D]. Unpublished Doctoral Dissertation. Los Angeles, University of Southern Califomnia,2000.

[39]Gist M E. Self-Efficacy: Implications for Organizational Behavior and Human Resource Management [J]. Academy of Management Review, 1987, 12 (3).

[40]Hashim K F, Tan F B. Examining the Determinant Factors of Perceived Online Community Usefulness using the Expectancy Value Model[J]. Journal of Systems and Information Technology, 2018, 20(2).

[41]Hsu C L, Lin J C. What Drives Purchase Intention for Paid Mobile Apps? - An Expectation Confirmation Model with Perceived Value[J]. Electronic Commerce Research and Applications,2015,14.

[42]Huang Y M, Huang T C, Chen M Y, et al. What Influences Students to use Cloud Services? From the Aspect of Motivation: Student acceptance of cloud services[C]// 2015 International Conference on Interactive Collaborative Learning (ICL). IEEE, 2015.

[43]Jaswant V, Naveen K. Job Stress and Job Involvement among Bank employees[J]. Indian Journal of Applied Psychology, 1997, 34 (2).

[44]Jeff U. Personal Digital Archiving: What They Are, What They Could be and Why They Matter[M]//Donald T. Hawkins. Personal Archiving: Preserving Our Digital Heritage. New Jersey: Information Today, 203.

[45]Jia L J, Xu Y, Wu M J. Campus Job Suppliers' Preferred Personality Traits of Chinese Graduates: A Grounded Theory Investigation [J]. Social Behavior and Personality, 2014, 42(5).

[46]Johnson R B. Examining the Validity Structure of Qualitative Research [J]. Education, 1997, 118(2).

[47]Jones C, Hesterly W S, Borgatti S P. A General Theory of Network Governance: Exchange Conditions and Social Mechanisms[J]. Academy of Management Review, 1997, 22(4).

[48]Jones W, Bruce H, Bates M J, et al. Personal Information Management in the Present and Future Perfect: Reports from a Special NSF-Sponsored Workshop [J]. Proceedings of the American Society for Information Science & Technology, 2010, 42(1).

[49]Jones W, Dumais S, Bruce H. Once found, what then? A Study of "keeping" Behaviors in the Personal Use of Web Information[J]. Proceedings of the American Society for Information Science & Technology, 2010, 39(1).

[50]Jones W. The Future of Personal Information Management, Part I: Our Information, Always and Forever[J]. Synthesis Lectures on Information Concepts Retrieval and Services, 2012, 4(1).

[51]Karahanna E, Chervany S N L. Information Technology Adoption Across Time: A Cross-Sectional Comparison of Pre-Adoption and Post-Adoption Beliefs

［J］. MIS Quarterly, 1999, 23(2).

［52］Ketelaar E. Archivalisation and Archiving ［J］. Archives & Manuscripts, 1999.

［53］Kim H W, Gupta S. A User Empowerment Approach to Information Systems Infusion ［J］. IEEE Transactions on Engineering Management, 2014, 61(4).

［54］Kleek M V, Ohara K. The Future of Social is Personal: The Potential of the Personal Data Store［M］//Daniele Miorandi. Social Collective Intelligence. New Delhi: Springer International Publishing, 2014.

［55］Koo M, Norman C D, Hsiao-Mei C. Psychometric Evaluation of a Chinese Version of the eHealth Literacy Scale (eHEALS) in School Age Children［J］. Global Journal of Health Education and Promotion, 2012, 15.

［56］Kumar R, Goyal R. On Cloud Security Requirements, Threats, Vulnerabilities and Countermeasures: A survey ［J］. Computer Science Review, 2019(2), 17.

［57］Kuo Y C, Belland B R. Exploring the Relationship between African American Adult Learners' Computer, Internet, and Academic Self-efficacy, and Attitude Variables in Technology-supported Environments［J］. Journal of Computing in Higher Education, 2019, 31 (3).

［58］Lian Z Y. Factors Influencing the Integration of Digital Archival Resources: A Constructivist Grounded Theory Approach ［J］. Archives and Manuscripts, 2016, 44(2).

［59］Liang H G, Peng Z Y, Xue Y J, et al. Employees' Exploration of Complex Systems: An integrative view ［J］. Journal of Management Information Systems, 2015, 32(1).

［60］Limayem M, Hirt S G, Cheung C M. K. How Habit Limits the Predictive Power of Intention: The Case of Information Systems Continuance［J］. Mis Quarterly, 2007, 31(4).

［61］Lin H F. Effects of extrinsic and intrinsic motivation on employee knowledge sharing intentions［J］. Journal of Information Science, 2007, 33(2).

[62]Lodahl T M, Kejner M. The Definition and Measurement of Job Involvement[J]. Journal of Applied Psychology, 1965, 49（1）.

[63]Maclean I. Australian Experience in Record and Archives Management[J]. American Archivist, 1959, 22(4).

[64]Mahajan P, Singh H, Kumar A, et al. Use of SNSs by the Researchers in India[J]. Library review, 2013, 6(8/9).

[65]Marshall C C. How People Manage Information over a Lifetime[M]// Jones W, Teevan J. Personal Information Management. Seattle, WA: University of Washington Press, 2007.

[66]Marshall C C. Rethinking personal digital archiving, Part 1: four challenges from the field[J]. D-Lib Magazine, 2008, 14（3）.

[67]Martínez-López I, Francisco J, Huertas-García, Rubén, et al. Modelling students' flow experiences in an online learning environment[J]. Computers & Education, 2014, 71.

[68]Maynard D C, Hakel M D. Effects of Objective and Subjective Task Complexity on Performance[J]. Human Performance, 1997, 10(4).

[69]McKemmish S. Evidence of me[J]. Archives and Manuscripts, 1996, 24（1）.

[70]Mckemmish S. Placing Records Continuum Theory and Practice[J]. Archival Science, 2001, 1(4).

[71]Megwalu A. Academic Social Networking: a Case Study on Users' Information Behavior[J]. Advances in Librarianship, 2015, 39(6).

[72]Meho L I, Tibbo H R. Modeling the Information-seeking Behavior of Social Scientists: Ellis's Study Revisited[J]. Journal of the American Society for Information Science and Technology, 2003, 54(6).

[73]Miller F, Partridge H, Bruce C, et al. How Academic Librarians Experience Evidence-based Practice: A Grounded Theory Model [J]. Library and Information Science Research, 2017, 39(2).

[74]Minya Xu, Xin Qin, Scott B. Dust, Marco S. DiRenzo. Supervisor-sub-

ordinate Proactive Personality Congruence and Psychological Safety: A Signaling Theory approach to Employee Voice Behavior[J]. The Leadership Quarterly,2019, 30(4).

[75]Mizrachi D, Bates M J. Undergraduates' Personal Academic Information Management and the Consideration of Time and Task-Urgency[J]. Journal of the American Society for Information Science and Technology, 2013,64(8).

[76]Mohammadi H. Social and Individual Antecedents of m-learning Adoption in Iran[J]. Computers in Human Behavior, 2015, 49.

[77]Nesmith T. The Concept of Societal Provenance and Records of Nineteenth-Century Aboriginal-European Relations in Western Canada: Implications for Archival Theory and Practice[J]. Archival Science, 2006, 6(3-4).

[78]Nguyen L C. Establishing a Participatory Library Model: A Grounded Theory Study [J]. Journal of Academic Librarianship, 2015, 41(4).

[79]Nikolaos P. The influence of computer self-efficacy, metacognitive self-regulation and self-esteem on student engagement in online learning programs: Evidence from the virtual world of Second Life[J]. Computers in Human Behavior, 2014(2).

[80]Ortega J L. Disciplinary Differences in the use of Academic Social Networking Sites[J]. Online Information Review,2015,39(4).

[81]Pandit N R. The creation of theory: A Recent Application of the Grounded Theory Method [J]. The Qualitative Report, 1996, 2(4).

[82]Papathanassis A, Knolle F. Exploring the Adoption and Processing of online Holiday Reviews: A Grounded Theory Approach [J]. Tourism Management, 2011, 32(2).

[83]Park E, Ohm J. Factors influencing users' employment of mobile map services [J]. Telemat Inform, 2014, 31.

[84]Pee L G, Woon I M Y, Kankanhalli A. Explaining Non-work-related computing in the workplace: A comparison of alternative models[J]. 2008. Information &Management, 2008,31(4).

[85]Peter Scott. The Record Group Concept: A Case for Abandonment[J]. American Archivist, 1966, 29(4).

[86]Podsakoff P M, Mackenzie S B, Lee J Y, et al. Common Method Biases in Behavioral Research: A Critical Review of the Literature and Recommended Remedies [J]. Journal of Applied Psychology, 2003, 88(5).

[87]Rodden K, Wood K R. How do people manage their digital photographs? [C]// Proceedings of the SIGCHI Conference on Human Factors in Computing Systems. ACM, 2003.

[88]Rothenberg J. Avoiding Technological Quicksand: Finding a Viable Technical Foundation for Digital Preservation. A Report to the Council on Library and Information Resources[M]. Council on Library and Information Resources, 1755 Massachusetts Ave., NW, Washington, DC 20036,1999.

[89]Rowlands I, Nicholas D, Russell B, et al. Social Media Use in the Research Workflow[J]. Learned Publishing,2011,24(3).

[90]Rundell W. Personal Data from University Archives[J]. American Archivist, 1971, 34(2).

[91]Sandy H M, Corrado E M, Ivester B B. Personal digital archiving: an analysis of URLs in the . edu domain[J]. Library Hi Tech, 2017, 35(1).

[92]Seibert S E, Crant J M, Kraimer M L. Proactive Personality and Career Success [J]. Journal of Applied Psychology, 1999, 84(3).

[93]Seijts G H, Latham G P. The Effects of Distal Learning, Outcome, and Proximal Goals on a Moderately Complex Task[J]. Journal of Organizational Behavior, 2001,22(3).

[94]Setyawan N, Shihab M R, Hidayanto A N, et al. Continuance Usage Intention and Intention to Recommend on Information based Mobile Application: A Technological and User Experience Perspective[C]// International Conference on Advanced Computer Science & Information Systems. IEEE, 2018.

[95]Shin D H, Shin Y J. Why do people play social network games? [J]. Computers in Human Behavior, 2011, 27.

［96］Sinn D, Kim S, Syn S Y. Personal Digital Archiving: Influencing Factors and Challenges to Practices［J］. Library Hi Tech,2017,35(2).

［97］Sinn D, Syn S Y, Kim S. Personal Records on the Web: Who's in Charge of Archiving, Hotmail or archivists? ［J］. Library&Information Science Research,2011,33(4).

［98］Stern T. User Behavior on Online Social Networks and the Internet: A Protection Motivation Perspective［J］. Dissertations & Theses - Gradworks, 2011, 14(3).

［99］Stone R N, Gronhaug K. Perceived risk: further considerations for the marketing discipline［J］. European Journal of Marketing, 1993, 27 (3).

［100］Straub D, Boudreau M C, Gefen D. Validation Guidelines for IS Positivist Research ［J］. Communications of the Association for Information Systems, 2004, 13(1).

［101］Sun H S. Understanding User Revisions when Using Information System Features: Adaptive System Use and Triggers ［J］. MIS Quarterly, 2012, 36(2).

［102］Sun Y, Wang N, Yin C, et al. Understanding the Relationships between Motivators and Effort in Crowdsourcing Marketplaces: A Nonlinear Analysis［J］. International Journal of Information Management, 2015, 35(3).

［103］Taylor S, Todd P. Assessing IT Usage: The Role of Prior Experience ［J］. MIS Quarterly, 1995, 19(4).

［104］Terras M. Digital: Personal Collections in the Digital Era［J］. Journal of the Society of Archivists, 2012, 33(2).

［105］Teuteberg F, Burda D. Exploring Consumer Preferences in Cloud Archiving - A Student's Perspective ［J］. Behavior & Information Technology, 2016, 35(1-3).

［106］Thatcher J B, Zimmer J C, Gundlach M J, et al. Internal and External Dimensions of Computer Self-efficacy: An Empirical Examination［J］. IEEE Transactions on Engineering Management, 2008, 55(4).

［107］Tsai M, Tsai C C. Information Searching Strategies in Web-based Science Learning: the Role of Internet Self-efficacy[J]. Innovations in Education and Teaching International, 2003, 40(1).

[108]Tsai M, Tsai C C. Junior High School Students' Internet Usage and Self-efficacy: A Re-examination of the Gender Gap[J]. Computers & Education, 2010,54(4).

[109]Upward F. Structuring the Records Continuum Part Two: structuration Theory and Recordkeeping [J]. Archives and Manscripts,1997,25(1).

[110]Van der Heijden H. Factors Influencing the Usage of Websites: The Case of a Generic Portal in the Netherlands [J]. Information & Management, 2003, 40(6).

[111]Van Noort G, Voorveld H A M, Van Reijmersdal E A. Interactivity in Brand Web Sites: Cognitive, Affective, and Behavioral Responses Explained by Consumers' Online Flow Experience [J]. Journal of Interactive Marketing, 2012, 26 (4).

[112]Van Reijmersdal E, Rozendaal E. Buijzen M. Effects of Prominence, Involvement[J]. Journal of Advertising Research,2012,49(2).

[113]Venkatesh V, Davis F D. A Theoretical Extension of the Technology Acceptance Model: Four Longitudinal Field Studies[J]. Management Science, 2000, 45(2).

[114]Verplanken B, Knippenberg V A, Aarts H. Habit, Information Acquisition, and the Process of making Travel Mode Choices[J]. European Journal of Social Psychology, 1997, 27(5).

[115]Vilar P, Sauperl A. Archival Literacy: Different Users, Different Information Needs, Behavior and Skills[J]. Communications in Computer & Information Science, 2014, 492.

[116]Wang C, Mattila A S. A Grounded Theory Model of Service Providers' Stress, Emotion, and Coping during Intercultural Service Encounters [J]. Managing Service Quality, 2010, 20(4).

[117]Wang J. Critical Factors for Personal Cloud Storage Adoption in China

Critical Factors for Personal Cloud Storage Adoption in China[J]. Journal of Data and Information Science, 2016, 1(2).

[118]Wetzels M, Odekerken-Schroder G, van Oppen C. Using PLS Path Modeling for Assessing Hierarchical Construct Models: Guidelines and Empirical Illustration [J]. MIS Quarterly, 2009, 33(1).

[119]Wichadee S. Factors Related to Faculty Members' Attitude and Adoption of a Learning Management System[J]. Turkish Online Journal of Educational Technology, 2015, 14(4).

[120]Williams P, John J L, Rowland I. The Personal Curation of Digital Objects[J]. Aslib Proceedings, 2013, 61 (4).

[121]Williams P, Rowlands I, Dean K, et al. Report of Interviews with the Creators of Personal Digital Collection[J]. Ariadne ,2008,27(55).

[122]Wu B. Identifying the Influential Factors of Knowledge Sharing in E-Learning 2.0 Systems[J]. International Journal of Enterprise Information Systems, 2016, 12(1).

[123]Yan Y, Davison R M, Mo C. Employee Creativity Formation: The Roles of Knowledge Seeking, Knowledge Contributing and Flow Experience in Web 2.0 Virtual Communities[J]. Computers in Human Behavior,2013,29(5).

[124]Yarmey K. Student Information Literacy in the Mobile Environment[J]. Educause Quarterly, 2011, 34(1).

[125]Yun W, Makoto N, Norma S. The Impact of Age and Shopping Experiences on the Classification of Search, experience, and Credence Goods in Online Shopping[J]. Information Systems and e-Business Management, 10(1).

[126]Zeithaml V A. Consumer Perceptions of Price, Quality, and Value: A Means-end Model and Synthesis of Evidence[J]. Journal of Marketing, 1988, 52 (3).

[127]Zha X, Zhang J, Yan Y. Comparing Flow Experience in Using Digital Libraries[J]. Library Hi Tech, 2015, 33(1).

[128]Zhang Y, Yuan Q, Misbah J. Factors Influencing Online Information

Acquisition：The Case of Chinese College Students［J］．Journal of Data and Information Science，2015，8(1)．

［129］Zhang Z．Effect of Mobile Personal Information Management on University Students' Perceived Learning Effectiveness［J］．2016,3(2)．

二、中文参考文献

［1］白光祖,吕俊生,吴新年.科研个性化信息环境初探［J］.情报科学，2009(4)．

［2］包冬梅,范颖捷,邱君瑞."学术科研人员科研信息行为与需求"调查分析［J］.数字图书馆论坛，2012(5)．

［3］包冬梅.数字环境下研究人员学术信息管理的困境与对策［J］.图书馆，2014(3)．

［4］蔡成龙.基于个体特征和任务复杂度的研究生信息行为研究［D］.南京:南京大学,2014.

［5］蔡蓉.大学生网络自我效能感:结构、测量及相关因素［D］.长沙:中南大学,2012.

［6］曹越,毕新华.云存储服务用户采纳影响因素实证研究［J］.情报科学，2014,32(9)．

［7］陈国权,陈子栋.个体主动性人格对学习能力影响的实证研究［J］.技术经济,2017,36(4)．

［8］陈琼.各国私人档案管理法规研究［J］.档案学通讯，2003(6)．

［9］陈向明.定性研究中的效度问题［J］.教育研究，1996(7)．

［10］陈欣,叶凤云,汪传雷.基于扎根理论的社会科学数据共享驱动因素研究［J］.情报理论与实践，2016，39(12)．

［11］陈渝,毛姗姗,潘晓月,等.信息系统采纳后习惯对用户持续使用行为的影响［J］.管理学报,2014,11(3)．

［12］陈远,杨昌乐,张敏.图书馆服务功能 IT 消费化的用户采纳意愿分析——基于使用特性、用户特性和系统特性的分析视角［J］.图书馆工作与研究,2017(8)．

［13］程慧平,王建亚.用户特征对个人云存储使用的影响［J］.现代情报,2017,37(5).

［14］丛培丽,王学军.名人档案的收集整理及思考［J］.山东档案,2000(3).

［15］崔娜娜.移动学习用户的接受行为及其实证研究［D］.武汉:华中师范大学,2017.

［16］丁海斌.论档案的价值与基本作用［J］.档案,2012(4).

［17］丁华东.私人档案的社会性及其管理［J］.档案与建设,1999(11).

［18］董青杉.基于众包的互联网自我效能与知识共创研究—任务复杂度的调节作用［D］.杭州:浙江工商大学,2017.

［19］董小英,张本波,陶锦,等.中国学术界用户对互联网信息的利用及其评价［J］.图书情报工作,2002(10).

［20］段庆锋.我国科研人员在线学术社交模式实证研究:以科学网为例［J］.情报杂志,2015(9).

［21］段先娥.我国大学生个人数字存档现状调查与策略研究［D］.武汉:武汉大学,2018.

［22］冯惠玲,加小双.档案后保管理论的演进与核心思想［J］.档案学通讯,2019(4).

［23］冯湘君.大学生个人数字存档行为与意愿研究［J］.档案学通讯,2018(5).

［24］伏虎,李雪梦.基于结构方程模型的管理咨询企业知识管理优化研究［J］.情报科学,2019,37(11).

［25］付少雄,陈晓宇,邓胜利.社会化问答社区用户信息行为的转化研究——从信息采纳到持续性信息搜寻的理论模型构建［J］.图书情报知识,2017(4).

［26］甘立人,高依曼.科技用户信息搜索行为特点研究［J］.情报学报,2005,24(1).

［27］龚艺巍,王小敏,刘福珍,等.基于扎根理论的云存储用户持续使用行为探究［J］.数字图书馆论坛,2018(9).

[28]顾亚欣.延安审干与人事档案制度的形成[J].档案学通讯,2017(1).

[29]关芳,张宁,林强.新媒体视阈下高校图书馆用户的个人信息管理影响因素研究[J].情报科学,2018,36(3).

[30]管家娃,张玥,赵宇翔,等.社会化搜索情境下的信息偶遇研究[J].情报理论与实践,2018,41(12).

[31]郭海霞.网络浏览中的信息偶遇调查和研究[J].情报杂志,2013,32(4).

[32]郭帅兵.基于感知价值的个人云存储服务使用意愿影响因素研究[D].北京:北京邮电大学,2014.

[33]郭学敏.个人数字存档行为中介效应实证研究——基于中国网民的随机问卷调查[J].档案学通讯,2018(5).

[34]韩佳雪.教学视频中线索类型与学习者先前知识经验水平对其学习效果的影响[D].武汉:华中师范大学,2018.

[35]韩璐.研究生科研信息获取中信息偶遇影响因素研究[D].郑州:郑州大学,2018.

[36]韩子鹤.档案微信公众号的用户持续使用意愿研究[D].西安:西北大学,2019.

[37]何嘉荪,马小敏.德里达档案化思想研究之二——档案外部性及其由来[J].档案学通讯,2017(5).

[38]何嘉荪,马小敏.后保管时代档案学基础理论研究之四——档案化问题研究[J].档案学研究,2016(3).

[39]何嘉荪,史习人.对电子文件必须强调档案化管理而非归档管理[J].档案学通讯,2005(3).

[40]何嘉荪.文件群体运动与文件管理档案化——"文件运动模型"再思考兼答章燕华同志之二[J].档案学通讯,2007(4).

[41]何琳,常颖聪.科研人员数据共享意愿研究[J].图书与情报,2014(5).

[42]何晓阳.国内外医学领域科研用户信息行为研究综述[J].中华医学图书情报杂志,2017,26(2).

［43］胡昌平,查梦娟.科研人员学术信息资源云存储服务应用安全障碍分析与对策［J］.情报理论与实践,2020,43(1).

［44］胡昌平,李霜双,冯亚飞.感知风险对个人云存储服务持续使用意愿的影响——转换成本的调节作用分析［J］.现代情报,2019,39(5).

［45］胡媛,艾文华,胡子祎,等.高校科研人员数据需求管理影响因素框架研究［J］.中国图书馆学报,2019,45(4).

［46］黄国彬,邱弘阳,王舒,等.面向个人数字数据存档的图书馆服务研究［J］.图书情报工作,2018,62(7).

［47］黄项飞.设置私人档案管理中心的设想［J］.山西档案,1995(3).

［48］黄昱方,陈成成,张璇.虚拟团队交互记忆系统对团队绩效的影响——任务复杂性的调节作用［J］.技术经济,2014,33(07).

［49］霍艳花,金璐.微信用户信息共享行为影响因素实证研究——基于信息生态视角分析［J］.情报工程,2019,5(3).

［50］加小双.档案资源社会化:档案资源结构的历史性变化［M］.杭州:浙江大学出版社,2019.

［51］加小双.论档案资源结构的历史性变化［J］.档案学通讯,2019(2).

［52］靳丽遥,张超,宋帅.先前经验、信息资源、政策环境与创业机会识别——基于三峡库区移民创业者的调研分析［J］.西部论坛,2018,28(4).

［53］柯平,张文亮,李西宁,等.基于扎根理论的馆员对公共图书馆组织文化感知研究［J］.中国图书馆学报,2014,40(3).

［54］李枫林,周莎莎.虚拟社区信息分享行为研究［J］.图书情报工作,2011,55(20).

［55］李力.虚拟社区用户持续知识共享意愿影响因素实证研究——以知识贡献和知识搜寻为视角［J］.信息资源管理学报,2016,6(4).

［56］李文文,成颖.科研人员信息行为分析及其对图书馆个性化科研服务的启示［J］.情报科学,2017(1).

［57］李武.感知价值对电子书阅读客户端用户满意度和忠诚度的影响研究［J］.中国图书馆学报,2017,43(6).

［58］连志英.一种新范式:文件连续体理论的发展及应用［J］.档案学研究,

2018(1).

[59]凌婉阳.大数据与数据密集型科研范式下的科研人员数据素养研究[J].图书馆,2018(1).

[60]刘丰军,林正奎,赵娜.在线知识社区协作冲突影响因素研究——以Wikipedia为例[J].科研管理,2019,40(3).

[61]刘丽群,李轲.多终端使用动机与使用行为的关系研究[J].新闻与传播评论,2018,71(3).

[62]刘鲁川,李旭.心理契约视阈下社会化阅读用户的退出、建言、忠诚和忽略行为[J].中国图书馆学报,2018,44(4).

[63]刘鲁川,张冰倩,孙凯.基于扎根理论的社交媒体用户焦虑情绪研究[J].情报资料工作,2019,40(5).

[64]刘伟国,施俊琦.主动性人格对员工工作投入与利他行为的影响研究——团队自主性的跨水平调节作用[J].暨南学报(哲学社会科学版),2015,37(11).

[65]刘选会,张丽,钟定国.高校科研人员自我认同与组织认同和科研绩效的关系研究[J].高教探索,2019(1).

[66]刘智勇.也谈个人档案、名人档案和私人档案——与方习之同志商榷[J].档案,1989(6).

[67]卢小宾,王建亚.云计算采纳行为研究现状分析[J].中国图书馆学报,2015,41(1).

[68]吕瑞花,覃兆刿.基于"活化"理论的科技名人档案开发研究[J].档案学研究,2015(4).

[69]吕文婷.国外个人档案研究进展与思考[J].档案学通讯,2018(4).

[70]吕文婷.文件连续体理论的澳大利亚本土实践溯源[J].档案学通讯,2019(3).

[71]马超.主动性人格对工作投入的影响:工作要求与资源的调节作用[D].成都:电子科技大学,2019.

[72]孟韩博.考虑用户知识特征的在线知识服务平台用户持续使用意愿研究[D].济南:山东大学,2019.

［73］漆正丽.网上支付的使用影响因素和实证研究［D］.上海:复旦大学,2012.

［74］秦芬,严建援,李凯.知识型微信公众号的内容特征对个人使用行为的影响研究［J］.情报理论与实践,2019,42(7).

［75］曲春梅.理查德·考克斯档案学术思想述评［J］.档案学通讯,2015(3).

［76］任越.从观念到理论——档案双元价值论的演变轨迹研究［J］.档案学研究,2012(1).

［77］任越.档案双元价值观的信息哲学依据探寻——从理论信息学中信息产生和本质谈起［J］.档案学研究,2009(2).

［78］孙玉伟,成颖,谢娟.科研人员数据复用行为研究:系统综述与元综合［J］.中国图书馆学报,2019,45(3).

［79］覃兆刿,范磊,付正刚,等.椭圆现象:关于档案价值实现的一个发现［J］.档案学研究,2009(5).

［80］覃兆刿,马继萍.论科技名人档案与科技发展的互构——以我国"老科学家学术成长资料档案库"建设为例［J］.档案学研究,2016(4).

［81］覃兆刿.双元价值观的视野:中国档案事业的传统与现代化［M］.北京:中国档案出版社,2003.

［82］覃兆刿.从一元价值观到双元价值观——近代档案价值观的形成及其影响［J］.档案学研究,2003(2).

［83］唐慧雯.面向用户的内容与方式:美国高校名人档案网络传播现状分析［J］.档案与建设,2018(5).

［84］特里·库克,李音.四个范式:欧洲档案学的观念和战略的变化——1840年以来西方档案观念与战略的变化［J］.档案学研究,2011(3).

［85］田进,张明垚.棱镜折射:网络舆情的生成逻辑与内容层次——基于"出租车罢运事件"的扎根理论分析［J］.情报科学,2019,37(8).

［86］田梅.移动互联网信息偶遇过程及影响因素研究［D］.南京:南京大学,2018.

［87］田梅.网络浏览中偶遇信息共享行为影响因素扎根分析［J］.图书与情

报,2015(5).

[88]涂霞.高校图书馆微信公众平台用户使用意愿影响因素实证研究[J].信息资源管理学报,2016,6(1).

[89]屠兴勇,林玎璐.主动性人格、批判性思维与问题解决能力的关系研究[J].社会科学,2018(10).

[90]万恩德.个体记忆向集体记忆的转化机制——以档案为分析对象[J].档案管理,2018(2).

[91]汪长明.要注重发挥科技名人档案的价值[N].中国档案报,2017-08-24(3).

[92]汪长明.知识管理:科技名人档案的认知、组织与揭示[J].档案与建设,2016(2).

[93]汪忠,严毅,李姣.创业者经验、机会识别和社会企业绩效的关系研究[J].中国地质大学学报(社会科学版),2019,19(2).

[94]王海宁,丁家友.对国外个人数字存档实践的思考——以 MyLifeBits 为例[J].图书馆学研究,2014(6).

[95]王俭,修国义,过仕明.虚拟学术社区科研人员信息行为协同机制研究——基于 ResearchGate 平台的案例研究[J].情报科学,2019,37(1).

[96]王建亚,程慧平.个人云存储用户采纳行为影响因素的质性研究[J].情报杂志,2017,36(6).

[97]王建亚,罗晨阳.个人云存储用户采纳模型及实证研究[J].情报资料工作,2016(1).

[98]王建亚.不同专业背景用户的个人云存储采纳行为对比研究[J].图书馆学研究,2017(8).

[99]王军.数字保存的差距分析——基于对科研人员的调查[J].图书馆建设,2014(4).

[100]王平,茹嘉祎.国内未成年人图书馆服务满意度影响因素——基于扎根理论的探索性研究[J].图书情报工作,2015,59(19).

[101]王山.智能技术对政府管理的影响研究[D].北京:中国农业大学,2018.

［102］王胜男.主动性人格与工作投入:组织支持感的调节作用［J］.中国健康心理学杂志,2015,23(4).

［103］王文韬,谢阳群,刘坤锋.基于扎根理论的虚拟健康社区用户使用意愿研究［J］.情报资料工作,2017(3).

［104］王晓文,沈思.国外科研人员数据素养教育述评及启示［J］.情报资料工作,2017(3).

［105］王新才,徐欣欣.国外档案学视阈下的个人数字存档对象及其对应中文词探析［J］.档案学通讯,2016(5).

［106］王玉珏,宋香蕾,润诗,等.基于文件连续体理论模型的"第五维度理论"［J］.档案学通讯,2018(1).

［107］王玉珏,张馨艺.档案情感价值的挖掘与开发研究［J］.档案学通讯,2018(5).

［108］王哲.社会化问答社区知乎的用户持续使用行为影响因素研究［J］.情报科学,2017,35(1).

［109］王振宏.学习动机的认知理论与应用［M］.北京:中国社会科学出版社,2009.

［110］韦草原,王健,张贵兰,等.基于扎根理论的科学数据用户感知价值概念模型研究［J］.情报杂志,2018,37(5).

［111］文静,何琳,韩正彪.科研人员科学数据重用意愿的影响因素研究［J］.图书情报知识,2019,187(1).

［112］吴丹,刘春香.基于情境的跨设备搜索需求研究［J］.情报资料工作,2018(1).

［113］吴明隆.结构方程模型:SIMPLIS 的应用［M］.重庆:重庆大学出版社,2012:4.

［114］吴玉华,屈文建.高校教师学术资源获取行为研究［J］.图书馆学研究,2015(3).

［115］吴跃伟.网络环境下科研用户信息利用障碍分析［J］.现代情报,2007(3).

［116］肖珑.支持"双一流"建设的高校图书馆服务创新趋势研究［J］.大学

图书馆学报,2018,36(5).

[117]胥雅.当代大学生移动深阅读行为影响因素研究[D].武汉:华中科技大学,2019.

[118]徐娇,赵跃,张伟.名人档案信息化建设质量控制研究[J].中国档案,2017(1).

[119]徐云杰.社会调查设计与数据分析[M].重庆:重庆大学出版社,2011.

[120]宣婕.个人云存储用户感知风险及其对深度使用意愿影响研究[D].合肥:合肥工业大学,2017.

[121]闫静,徐拥军.后现代档案思想对我国档案理论与实践发展的启示——基于特里·库克档案思想的剖析[J].档案学研究,2017(5).

[122]严炜炜.科研信息服务融合使用行为影响因素实证研究[J].情报科学,2016,34(8).

[123]阳玉堃,黄椰曼.社交网络环境下用户信息偶遇行为影响因素研究[J].数字图书馆论坛,2017(6).

[124]杨隽萍,于晓宇,陶向明,等.社会网络、先前经验与创业风险识别[J].管理科学学报,2017,20(5).

[125]杨利军,萧金璐.从制度层面看人事档案本人阅档权的实现[J].档案学通讯,2016(3).

[126]尹达,邓衍明.德国归来话思考[J].中国档案,2013(6).

[127]尹奎,刘娜.工作重塑、工作意义与任务复杂性、任务互依性的调节作用[J].商业研究,2016(11).

[128]元晓艺.旅游 APP 特征对消费者心流体验的影响研究[J].西安石油大学学报(社会科学版),2019,28(5).

[129]袁顺波,张海.科研人员的自存储参与行为——基于访谈的质性研究[J].情报资料工作,2016(3).

[130]袁顺波.科研人员采纳自存储的影响因素研究[J].图书情报知识,2014(2).

[131]袁顺波.科研人员对自存储的认知及参与行为研究综述[J].情报资

料工作，2018(2).

[132]袁顺波.我国科研人员对自存储的认知和参与现状分析[J].图书情报工作,2013, 57(13).

[133]臧国全,杨敏.数字保存的认知与实践——基于对科研人员的调查[J].图书馆, 2012(1).

[134]占南.科研人员个人学术信息管理行为研究[D].武汉:武汉大学,2015.

[135]占南.面向科研人员的个人学术信息管理工具研究[J].图书情报工作, 2018(21).

[136]张丽娟.基于用户信息获取行为的网络信息过载防控机制研究[D].郑州:郑州大学,2017.

[137]张倩.学术用户网络信息查寻中的学术信息偶遇行为研究[D].重庆:西南大学,2015.

[138]张帅,王文韬,占南.个人信息备份工具使用意愿影响因素研究[J].图书馆学研究,2018(3).

[139]张艳丰,李贺,彭丽徽.移动社交媒体倦怠行为的影响因素模型及实证研究[J].现代情报,2017,37(10).

[140]张耀坤,胡方丹,刘继云.科研人员在线社交网络使用行为研究综述[J].图书情报工作,2016,60(3).

[141]张中奎.网站复杂度对消费者购买意愿的影响[D].合肥:中国科学技术大学,2015.

[142]赵斌,陈玮,李新建,等.基于计划行为理论的科技人员创新意愿影响因素模型构建[J].预测, 2013, 32(4).

[143]赵家文,李逻辑.私人档案立法保护之我见[J].中国档案, 2004(3).

[144]赵康.协同科研环境下我国科研人员的信息交流行为及差异性研究[J].情报资料工作,2016(6).

[145]赵珞琳.人文社会科学领域网络资源存档利用现状综述[J].信息资源管理学报,2019,9(3).

[146]赵鹏,张晋朝.在线存储服务持续使用意愿研究——基于用户满意度和感知风险视角[J].信息资源管理学报,2015,5(2).

[147]赵青,张利,薛君.网络用户粘性行为形成机理及实证分析[J].情报理论与实践,2012(10).

[148]赵悦.微博用户信息管理的行为影响因素研究[D].哈尔滨:黑龙江大学,2017.

[149]赵跃.数字时代个人存档研究框架的构建——从个人存档研究的定位与视角谈起[J].档案学通讯,2017(2).

[150]中国档案学会对外联络部,档案学通讯编辑部.外国档案法规选编[M].北京:档案出版社,1983.

[151]钟喆鸣,许正良.网购平台信息技术能力对消费者在线评价信息采纳意愿作用机理研究——基于扎根理论的模型开发[J].情报理论与实践,2019,42(10).

[152]周浩,龙立荣.共同方法偏差的统计检验与控制方法[J].心理科学进展,2004,12(6).

[153]周键.创业者社会特质、创业能力与创业企业成长机理研究[D].济南:山东大学,2017.

[154]周耀林,黄玉婧,王赟芝.个人数字存档对象选择行为影响因素研究[J].档案学研究,2019(3).

[155]周耀林,张露.基于解构计划行为理论的档案门户网站建设剖析[J].档案学研究,2015(2).

[156]周耀林,章珞佳,常大伟.名人档案信息化建设进展、问题与发展趋势[J].中国档案,2017(1).

[157]周耀林,赵跃.个人存档研究热点与前沿的知识图谱分析[J].档案学研究,2014(3).

[158]周耀林,赵跃.国外个人存档研究与实践进展[J].档案学通讯,2014(3).

[159]周耀林,赵跃.基于个人云存储服务的数字存档策略研究[J].图书馆建设,2014(6).

[160]周瑛,刘越.大学生数字信息备份行为的影响因素研究[J].情报探索,2018(1).

[161]朱多刚.电子服务质量对社会化阅读服务用户持续使用的影响研究——以移动新闻 APP 为例[J].现代情报,2019,39(4).

[162]朱红灿,胡新,廖小巧.基于心流理论的公众政府信息获取网络渠道持续使用意愿研究[J].情报资料工作,2018(2).

[163]朱文祥.群星闪烁[M].南京:南京大学出版社,1993.

[164]朱馨叶,张小倩,李桂华.图书馆阅读推广活动激励机制研究——基于 2018 年国内图书馆"世界读书日"活动案例[J].大学图书馆学报,2019,37(4).

附录1　科研人员个人数字存档行为访谈提纲

第一部分：开场白

您好：

感谢您参与本次访谈！本次访谈主要想了解您进行个人数字存档的原因以及相关影响因素。为了方便后续研究资料的整理，希望您能够同意对本次访谈过程全程录音。访谈过程涉及您的一些个人基本信息我们会绝对保密，其他所有内容将仅用作学术研究，请您放心。

第二部分：相关概念介绍

1. 个人数字存档：对个人产生且由个人保管的数字材料的记录行为。

2. 个人数字存档对象：所有数字形式的个人记录，如个人数码照片、视频、音频、个人日记、电子邮件、文档等。

3. 个人数字存档工具：个人记录的载体，包括 U 盘、硬盘、百度云、evernote、有道云笔记等。

第三部分：访谈对象基本情况

1. 您的性别　□男　　□女

2. 您的年龄　□20~34 岁　　□35~44 岁　　□45~54 岁　　□55 岁及以上

3. 您正在攻读或已获得的最高学位　□本科　　□硕士　　□博士

4. 您所在的学科领域：□人文科学　　□社会科学　　□自然科学

5.您目前的职称:□硕博研究生　□助教/实习研究员　□讲师/助理研究员　□副教授/副研究员　□教授/研究员　□其他

6.您目前就职于:□在校学生　□高等院校　□研究院所　□企事业单位□其他

第四部分:具体访谈内容(开放式问题)

个人数字存档对象是个人在社会实践活动中产生的由个人保管的有价值的数字记录。如:数字文档、个人数码照片、数字音频、电子邮件、数字视频、个人日记等。

1.您是否有过个人数字存档的经历？是什么原因驱使您保存您的数字材料？

2.您有将存储数字材料变成自己的一种习惯吗？如果有,您是如何形成这种习惯的？如果没有,是哪些因素阻碍了您？

3.您认为自己能够很好地完成对数字材料的存储吗？如果可以,是为什么？如果不能,是为什么？

4.您通常会通过哪些方式保存自己的数字材料？您为何选择这种方式？

5.在对自己的数字材料进行保存的时候,您最担心哪些方面的风险？

6.您通常会对哪些数字材料进行存储？为什么？

7.您认为个人数字存档工具具有哪些特性时,您会倾向于使用它？

8.您认为保存数字材料可以帮助您实现哪些目的时,您会去保存它？

9.现在信息技术高速发展,对您保存自己的数字材料产生了什么影响吗？

10.您在存储过程中遇到的最大的困难是什么？可以举例说明吗？

11.如果有一种新的个人数字存档工具出现,您会想要去使用它吗？为什么？

12.您会不定期对个人数字材料进行删除、同步更新吗？为什么？

附录2 科研人员个人数字存档行为影响因素调查问卷

尊敬的科研同仁：

您好！

本问卷的主要目的是考察科研人员个人数字存档行为的影响因素，请根据您的实际体验和感受进行回答，答案无对错之分。本问卷仅用于学术研究，保证不会滥用并对其中涉及个人隐私的内容严格保密，请您放心填写。您填写的内容对于本研究十分重要，感谢您的支持与合作！

注：个人数字存档是指个人对自己生成且归属于自己的有价值的数字材料（照片、视频、文档、日记等）的保存行为。个人数字存档工具包括U盘、硬盘、百度云、evernote、有道云笔记等。

第一部分：基本信息

1. 您的性别

□男　　□女

2. 您的年龄

□20~34岁　　□35~44岁　　□45~54岁　　□55岁及以上

3. 您正在攻读或已获得的最高学位

□本科　　□硕士　　□博士

4. 您所在的学科领域：

□人文科学　　□社会科学　　□自然科学

5. 您目前的职称：

□硕博研究生　　□助教/实习研究员　　□讲师/助理研究员

□副教授/副研究员　　□教授/研究员　　□其他

6. 您目前就职于：

□在校学生　□高等院校　□研究院所　□企事业单位　□其他

第二部分：科研人员个人数字存档行为影响因素

请您回想一下您在进行个人数字存档时的场景并对以下陈述性问题进行判断,并在问题后面的相应数字(1,2,3,4,5,6,7)上选择。请根据您的实际体验和真实感受进行回答,答案无对错之分。谢谢!

(注:1 =非常不同意;2 =不同意;3 =有点不同意;4 =不确定;5 =有点同意;6 =同意;7 =非常同意)

自我效能(1 =非常不同意~7 =非常同意)

1. 即便没有人教我,我也可以完成对个人数字材料的存储

□1　□2　□3　□4　□5　□6　□7

2. 即便没有受过系统的训练,我也可以完成对个人数字材料的存储

□1　□2　□3　□4　□5　□6　□7

3. 即便没有数字存档指南的指导,我也可以完成对个人数字材料的存储

□1　□2　□3　□4　□5　□6　□7

个人习惯（1＝非常不同意～7＝非常同意）

1. 对个人数字材料进行存储是我的习惯之一

☐1　☐2　☐3　☐4　☐5　☐6　☐7

2. 对个人数字材料进行存储对我而言是一件很平常的事情

☐1　☐2　☐3　☐4　☐5　☐6　☐7

3. 对个人数字材料进行存储已经成为我的一种习惯

☐1　☐2　☐3　☐4　☐5　☐6　☐7

个人数字存档意识（1＝非常不同意～7＝非常同意）

1. 我知道个人数字存档是一件很重要的事

☐1　☐2　☐3　☐4　☐5　☐6　☐7

2. 我知道需要花费固定时间进行个人数字存档

☐1　☐2　☐3　☐4　☐5　☐6　☐7

3. 我知道如何才能更好地进行个人数字存档

☐1　☐2　☐3　☐4　☐5　☐6　☐7

个人数字存档能力（1＝非常不同意～7＝非常同意）

1. 我能够合理使用信息技术和工具存储自己的数字材料

☐1　☐2　☐3　☐4　☐5　☐6　☐7

2. 我总是可以迅速甄别出哪些数字材料对我是真正有价值的

☐1　☐2　☐3　☐4　☐5　☐6　☐7

3. 我能够不断了解和利用新兴技术与工具存储自己的数字材料

☐1　☐2　☐3　☐4　☐5　☐6　☐7

个人数字存档知识（1＝非常不同意～7＝非常同意）

1. 我知道怎样通过别人的个人数字存档成功经验帮助自己

☐1　☐2　☐3　☐4　☐5　☐6　☐7

2. 我知道哪些相关知识可以促使我更好地进行个人数字存档

☐1　☐2　☐3　☐4　☐5　☐6　☐7

3. 做好个人数字存档需要具备一定的相关知识

□1　□2　□3　□4　□5　□6　□7

先前经验（1＝非常不同意～7＝非常同意）

1. 我经常对个人数字材料进行存储

□1　□2　□3　□4　□5　□6　□7

2. 我对个人数字材料进行存储的频率很高

□1　□2　□3　□4　□5　□6　□7

3. 我对存储个人数字材料的步骤非常熟悉

□1　□2　□3　□4　□5　□6　□7

4. 我对个人数字存档技术与工具很熟悉

□1　□2　□3　□4　□5　□6　□7

主动性人格（1＝非常不同意～7＝非常同意）

1. 我一直在寻找更优的个人数字存档方式

□1　□2　□3　□4　□5　□6　□7

2. 我一直在积极寻找更完善的个人数字存档技术与工具

□1　□2　□3　□4　□5　□6　□7

3. 如果我认为某个数字材料很值得保存,那么没有什么障碍能够阻止我保存它

□1　□2　□3　□4　□5　□6　□7

心流体验（1＝非常不同意～7＝非常同意）

1. 当我对个人数字材料进行存储时我觉得很愉快

□1　□2　□3　□4　□5　□6　□7

2. 当我对个人数字材料进行存储时我的精力会很集中

□1　□2　□3　□4　□5　□6　□7

3. 当我对个人数字材料进行存储时我觉得时间过得很快

□1　□2　□3　□4　□5　□6　□7

任务复杂性（1=非常不同意~7=非常同意）

1. 个人数字存档工具的操作步骤比较复杂

□1　□2　□3　□4　□5　□6　□7

2. 在个人数字存档工具中进行数据存储比较复杂

□1　□2　□3　□4　□5　□6　□7

3. 一般来说，个人数字存档是复杂的

□1　□2　□3　□4　□5　□6　□7

感知有用性（1=非常不同意~7=非常同意）

1. 使用个人数字存档工具可以使我更有效地存储数字文件

□1　□2　□3　□4　□5　□6　□7

2. 使用个人数字存档工具存储数字材料能提高我的科研工作效率

□1　□2　□3　□4　□5　□6　□7

3. 使用个人数字存档工具可以帮助我更迅速地获取我需要的相关信息

□1　□2　□3　□4　□5　□6　□7

4. 总体而言个人数字存档工具对我存储数字材料是有用的

□1　□2　□3　□4　□5　□6　□7

感知易用性（1=非常不同意~7=非常同意）

1. 使用个人数字存档工具的流程是明白易懂的

□1　□2　□3　□4　□5　□6　□7

2. 使用个人数字存档工具存储数字材料是容易的

□1　□2　□3　□4　□5　□6　□7

3. 总体而言个人数字存档工具对我而言是易于使用的

□1　□2　□3　□4　□5　□6　□7

感知风险（1=非常不同意~7=非常同意）

1. 我担心进行个人数字存档会导致文件损毁

□1　□2　□3　□4　□5　□6　□7

2. 我担心进行个人数字存档会导致文件丢失

☐1　☐2　☐3　☐4　☐5　☐6　☐7

3. 我担心进行个人数字存档会泄漏个人隐私

☐1　☐2　☐3　☐4　☐5　☐6　☐7

感知情感价值（1＝非常不同意~7＝非常同意）

1. 对个人数字材料进行存储能够帮助我记录下很多容易遗忘的事情

☐1　☐2　☐3　☐4　☐5　☐6　☐7

2. 对个人数字材料进行存储可以帮助我保存过去的美好回忆

☐1　☐2　☐3　☐4　☐5　☐6　☐7

3. 对个人数字材料进行存储能够帮助我记录我的人生

☐1　☐2　☐3　☐4　☐5　☐6　☐7

感知凭证价值（1＝非常不同意~7＝非常同意）

1. 个人数字存档材料可以作为自己身份的证明

☐1　☐2　☐3　☐4　☐5　☐6　☐7

2. 个人数字存档材料可以佐证自己的经历

☐1　☐2　☐3　☐4　☐5　☐6　☐7

3. 个人数字存档材料能够成为日后的证据

☐1　☐2　☐3　☐4　☐5　☐6　☐7

感知参考价值（1＝非常不同意~7＝非常同意）

1. 个人数字存档材料对我的学习工作不可或缺

☐1　☐2　☐3　☐4　☐5　☐6　☐7

2. 个人数字存档材料未来也许对我有用

☐1　☐2　☐3　☐4　☐5　☐6　☐7

3. 个人数字存档材料具有很强的参考价值

☐1　☐2　☐3　☐4　☐5　☐6　☐7

技术环境的改变

1. 个人数字存档技术与工具时常更新升级

□1　□2　□3　□4　□5　□6　□7

2. 个人数字存档工具的界面发生了改变

□1　□2　□3　□4　□5　□6　□7

3. 个人数字存档工具的功能发生了改变

□1　□2　□3　□4　□5　□6　□7

个人数字存档行为

1. 以后我会经常对个人数字材料进行存储

□1　□2　□3　□4　□5　□6　□7

2. 以后我会持续地对个人数字材料进行存储

□1　□2　□3　□4　□5　□6　□7

3. 我会花费时间与精力对个人数字材料进行存储

□1　□2　□3　□4　□5　□6　□7

4. 我会推荐别人对个人数字材料进行存储

□1　□2　□3　□4　□5　□6　□7

问卷到此结束,非常感谢您的参与!